NHK
100分de名著 books

戦争論

Bellone ou la pente de la guerre

Roger Caillois
ロジェ・カイヨワ

Nishitani Osamu
西谷 修

NHK出版

はじめに——人間にとって戦争とは何か

フランスの人類学者・社会学者であるロジェ・カイヨワの『戦争論』は、第二次世界大戦の終戦直後に書き始められました。まずこの本の第二部にあたる「戦争の眩暈《めまい》」が一九五一年に発表され、それから第一部となる「戦争と国家の発達」が書き継がれて、約十年の月日をかけてまとめられ、一九六三年に刊行されました。その年、カイヨワはこの本により、ユネスコ（国際連合教育科学文化機関）の国際平和文学賞を受賞しています。

第二次世界大戦は、破滅的な「世界戦争」で、文字通り世界が一つの戦争に呑み込まれました。各国が戦争に持てる最大の力や物資や人員をつぎ込んで、破壊と殺戮《さつりく》の規模は際限なく広がりました。ついには原子爆弾という殲滅《せんめつ》兵器までが開発され、使用されます。兵員も市民も含めて、全世界でおよそ五千万人が亡くなり、アメリカ以外では多くの都市が破壊されました。この二度目の世界戦争終結後には、第一次世界大戦のときにすでに語られていた「文明の没落」が、ついに実現してしまったのではないか、というムードが漂いました。未来の崩壊と引きかえにやっと終わったかのような戦争、それがどうして起こったのか、よりよい「文明」を目指していたはずの人間はこれまでいったい何をやってきたのか、それが深刻に問われたのです。

それと同時に、もう一度この世界に新しい秩序をつくっていこうという、国家を超えた政治の動きも始まります。国際連合（国連）という組織ができ、二度と大きな戦争を引き起こさないための国家間の仕組みをつくろうとします。ただし戦争は先進国だけでなく後発の途上国からも起こるから、それを防ぐためにそれぞれの国の社会も豊かにしていかなければならない。そのためにはまず教育が必要だということで、世界の国々の教育を振興し文化を豊かにする目的で、ユネスコという国連の機関もつくられます。

カイヨワは、二十世紀初頭におこったシュルレアリスム（超現実主義）の芸術運動から出発して、「遊び」や「祭り」といった、それまで人間に役立つとは思われていなかった、むしろ無駄だとさえ思われていたことの重要さに注目し、そこを立脚点として人間社会の考察を続けた人です。第二次世界大戦中、カイヨワは南米のアルゼンチンにいました。大西洋の反対側からヨーロッパの戦禍を見ていたのです。そして戦後の四八年から、世界の平和づくりの拠点として発足したばかりのユネスコに勤めます。そこで思索を重ねながら、ユネスコの教育・文化振興にそれまでとは違う新しい考えを注入していこうとしました。

というのも、「戦争の終わり」は純然たる平和の回復になったのではなく、その「平和」は核戦争の予兆に曇った、「棚上げされた平和」だったからです。あるいは、恐怖で「凍結された戦争」だったのかもしれません。「戦後」はすぐに「冷戦」の状況に入ります。あれだけの惨過のあと、人間は懲りずにまた戦争をする姿勢を崩さない。これはほとんど人間の性《さが》なのではないか。カイヨワは、一般的な政治的考察やたんなる歴史的考察ではなく、人間とその社会の本質に、どうしようもない「戦争への傾き」があると考え、それを見つめて、人類の行方を考えようとしました。

戦争を全般的に考察し、それについて論じる本は、クラウゼヴィッツの『戦争論』（一八三二〜三四）という古典をはじめとして、西洋近代以降、とくにフランス革命以降の近代国家体制が成立してから、折あるごとに書かれるようになりました。それらは国家間戦争という枠組みを前提にして、戦争をする国家や軍人の立場から、技術的にいかにそれを成功させるか、またなぜ失敗したか、あるいは政治的にいかに回避するか、といった議論が一般的でした。ところがカイヨワは、それとは違った形で、「人間にとって戦争とは何か」という問題に真正面から取り組みました。なぜなら、二十世紀の戦争は「世界戦争」であり、あらゆる人びとの生存を巻き込む全人類的な体験だったからです。もはや戦争は単に国家の問題でもなく、また軍人や政治家だけの問題でもなく、われわれ万人にとっての、あるいは人類にとっての問題だと考えたのです。

ですからカイヨワは、軍事的な戦略や国家の政策の善し悪し、あるいは人間の善悪の問題としてではなく、人類学者・社会学者の視点から戦争を考えました。集団としての人間の「あり方の問題」として、人間とはこういうものなのだと、いったん受け止める。そして戦争を、総じて人間の文明そのものと不可分の事象として扱います。そのようにして書かれた本が『戦争論』なのです。

よく考えてみると、そもそもあらゆる物語は戦争から生まれたといっても過言ではないでしょう。古代メソポタミアの『ギルガメシュ叙事詩』や、古代ギリシアのトロイ戦争を題材にしたホメロスの『イーリアス』『オデュッセイア』からしてそうです。戦争という破滅的な体験から、それを語り出そうとする止《や》みがたい営みが生まれます。勝った側の者たちはそこから英雄譚や武勲詩をつくり出すでしょう。敗れた者たちは、命があれば自分たちの運命を哀歌に託し、仲間を悼み、自らを悲しみ、そのことを生きてゆく糧にします。人びとの運命を翻弄する戦いが、そのようにして共同の語りを生み出したのでしょう。それが時間の秩序に従って整理され、因果関係を語るようになると、

「歴史」になるわけです。「物語」と「歴史」は、ギリシア語ではどちらも historia（ヒストリア）です。それは戦争から生まれた。それくらい、戦争とは人間にとって根本的な体験だったのです。

カイヨワは、若い頃にジョルジュ・バタイユという作家・思想家から決定的な影響を受けています。そのバタイユが著した『内的体験』（一九四三）や『有罪者』（四四）は一種の戦争手記であり、特異な経済学を理論的に展開した『呪われた部分』（四九）も、じつはみな戦争の考察といってもよいものです。

若い頃のわたしは、ベトナム戦争や日米安保問題などで、社会がざわつく空気の中でものを考え始め、本を読みながら、たぶん相当混乱していたと思います。ただ、その当時はいまと違って、本を読むことが若者にとっての糧であるような時代でした。

いろいろな本を読みましたが、わたしが特に惹かれたのが、二十世紀フランスのバタイユやモーリス・ブランショといった作家です。彼らは自分たちが置かれている「西洋」というものの限界を直視し、「世界戦争」時代の人間の生存の条件を突き詰めて考えた人たちでした。彼らの作品には、思考と文学の表現の境がなくなっていくという特徴があります。それは人間の極限体験について書こうとしているからです。そこにはもはや生死の境すらもなく、知的な経験の限界領域において人は何を言うことができるのか、という課題との格闘がありました。何もかもが混沌とする真っ暗闇の中で、それでもこの世界にはトクトクと脈打つ熱い何かがある。それは見ようとしても見えず、触れてみなければ分からない。そうした極限の思考体験を、わたしはかつて「夜の鼓動にふれる」という言葉で表現しました。

そのときに、こういう作家たちを生み出した「世界戦争」とは何なのだろうと、改めて本格的に考えるようになったのです。その頃読んだ戦争に関するさまざまな本の中に、カイヨワの『戦争論』もありました。この本は、戦争を人類学的な概念である「聖なるもの」と結びつけて考えるという際立った特徴を持っていると同時に、直接語られてはいませんが、背後にバタイユの巨大な影があります。そういう意味でも、わたしにとって特別な意味のある本なのです。

カイヨワの『戦争論』を読み解きながら、同時にバタイユのことやわたし自身の考えもお伝えしたいと思います。そして「人間にとって戦争とは何か」について、カイヨワの時代には存在しなかった戦争、つまり「テロとの戦争」や現在のウクライナやガザでの戦争も視野に入れながら、みなさんと一緒に考えていくことにしましょう。

ロジェ・カイヨワ『戦争論』目次

目次

※本書における『戦争論』からの引用部分については、秋枝茂夫訳（法政大学出版局）によります。

第1章──近代的戦争の誕生

戦争の女神ベローナ

本書でとりあげる本の原題は、『ベローナ、あるいは戦争への傾き』(Bellone ou la pente de la guerre) といいます。フランス語では「ベローヌ」ですが、ローマ神話*1の戦争の女神「ベローナ」*2の名が、メインのタイトルになっています。邦訳書では『戦争論――われわれの内にひそむ女神ベローナ』(秋枝茂夫訳、法政大学出版局、一九七四)と、サブタイトルにその名が入れられていますが、西洋ではよく知られたこの女神の名は、日本ではあまり馴染みがないからでしょう。

ローマ神話で戦争の神といえば、日本でも「軍神」として知られる、マルス*3(「マーチ」=三月や「マーズ」=火星の語源)が有名です。ベローナは、マルスの妻とも妹ともされる、もう一人の戦神《いくさがみ》です。マルスが勇猛さや武勲など、戦争の表の面を体現しているとするなら、ベローナはその裏で血や肉が飛び散り、殺し合う戦いの凄惨さを担っています。つまり、生身の戦いのリアルで残酷な側面、憎悪や汚辱といった本能的な姿を喚起する神なのです。

こういうと、フェミニストの方たちは眉をひそめるかもしれませんが、ここには、男性に形式や名誉を、女性に自然的な汚辱を象徴させるという、神話の時代のジェンダー・バイアス（社会的・文化的な性的偏見）が反映されているともいえます。これは洋の東西を問わず、古代社会やいわゆる未開社会にはしばしば見られるバイアスです。日本のイザナギ・イザナミを思い起こしてもよいでしょう。イザナミは黄泉の穢れに通じています。

著者のカイヨワが、マルスではなくあえてベローナに戦争を象徴させたのは、とても意味深いことだと思います。何の説明もありませんが、戦争の見てはいけない部分を正視することの比喩になっています。マルスだけならば、近代合理主義にそのままつながっていきますが、マルスとベローナが合体することで、合理的なものと非合理なものとが渾然一体となります。それは人間に恐怖と魅惑を同時にかき立てる事象としての「聖なるもの」と重なり、無秩序のカオスに直面した、人間自身の体験を象徴するものともなります。

「はじめに」で少し触れましたが、カイヨワは若い頃に、ジョルジュ・バタイユ[*4]という作家・思想家に大きな影響を受けています。戦争をベローナに象徴させるところに、人間の「呪われた部分」にこそ目を向けたバタイユの影響が表れているとわたしは考えます。そこで、この本の詳しい内容に入っていく前に、著者であるカイヨワとはどのような人物なのか、バタイユとの関係をふくめて簡単に見ておきましょう。

著者カイヨワについて――バタイユとの関係

ロジェ・カイヨワは一九一三年、最初の「世界戦争」になった第一次世界大戦[*5]が起こる直前に、フランス北部の町ランス[*6]で生まれています。十六歳のときパリに移り、ルイ・ル・グラン校[*7]という名門のリセ（高等中学校）に通いました。彼が物心ついたときは、第一次大戦明けの混迷の時代でした。文明の爛熟が謳《うた》われ、繁栄をきわめた果てに、ヨーロッパは内側から破裂し、その内部でお互いを破壊し合ったのです。兵員と市民合わせて、千六百万人以上が亡くなっています。大戦後、シュペングラーは有名な『西洋の没落[*8]』（一九一八、二二）を書き、西洋文明の危機を悲観的に診断しました。世の中が不安に包まれ、ささくれ立つような気分が蔓延するなか、文学・芸術の分野ではそれまでの常識に逆らい、あらゆる美的感覚を突き崩すような、シュルレアリスム[*9]の運動が起こります。先駆けは、スイスで起こったダダイスム[*10]でした。

若きカイヨワはエコール・ノルマル・シュペリウール[*11]という超エリート校に進んだ秀才でしたが、ランスの頃から詩に目覚め、パリではシュルレアリスムの運動に惹かれて、ほどなくそこに加わります。地方出身の秀才が、首都の先進的な反抗の運動にのめり込んでいくわけです。シュルレアリスムは詩人のアンドレ・ブルトン[*12]を中心とするグループによる芸術運動でしたが、やがてその中でも特に権威や規制にとらわれることを嫌う人びとは、あらゆる規範を取り払えといいながら、自らは理念を掲げて運動を純化しようとするブルトンを批判し、離反していきます。そんな人たちはジョルジュ・バタイユのもとに集まるようになりました。カイヨワもその道を辿ります。

再び戦争の危機が近づいてきた一九三七年、カイヨワはバタイユや詩人・民族学者のミシェル・レリス[*13]らと共に「社会学研究会」[*14]を創設します。そこでバタイユが中心になって唱導していたのは、合理主義的かつ生産主義的な近代の文明が、ものをつくり蓄積し、社会を発展させているつもりで、結局は戦争という暴力的な消費の中に闇雲に崩れ落ちていく、その愚かしさを人間は自覚し、社会を再定礎しようという主張でした。

あえて簡単にまとめると、このようになります。――有用なもの、つまり役に立つものだけが善いとされ、無用のもの、無益なものは無駄だ、ひいては悪だとされる功利主義的な考えが、じつは人間に自分自身を見誤らせている。人間社会を貫いているのは最終的には無目的な消費であって、生産は結局、蓄積された富をいっそう華々しく消費するためにしか役立っていない。

ところが、有用性を金科玉条とする人間にはそれが理解できない。合理的な人間は消費を非合理として斥《しりぞ》け、身を守り力をつけるつもりで、結局は我れ知らず破滅に引きずり込まれてしまう。じつは人間の生命活動そのものも、太陽のエネルギーを源泉とする、非合理で無目的な消費にほかならない。人間はそれに気づかず、ただ闇雲に生産と蓄積の競争に明け暮れる。しかしその中にも「遊び」や「祭り」が欠かせない。それは生産プロセスの中の消費の露頭なのだ。じつはそのような露頭こそが宗教や社会の根源にあり、人間同士を結びつけている最も肝心なものである……。

彼らはそういう露頭に「聖なるもの」を見ました。バタイユは、それを自覚的に現代に甦らせようとして、共同の秘儀によって社会をつくり直すという、常軌を逸した企てにのめり込んでいきました。カイヨワはそこにも付き合いました。そのことは改めて第3章で触れますが、その企ては実行に移せないままに終わります。そしてまもなく第二次世界大戦という、前回の大戦よりさらに悲惨な「世界戦争」が起こってしまいます。

一九三九年三月、大戦勃発の半年前、カイヨワはそうしたバタイユとの体験に基づいて、当時の社会学・人類学の知見をまとめる形で、『人間と聖なるもの』[*15]を出版しました。その序文の中で、カイヨワはバタイユに感謝の意を示し、「聖なるもの」についての研究は、バタイユとの共同によるものであると明記して、どこまでが自分のもので、どこからがバタイユのものかは、もはや区別できないといっています。この本は各方面にインパクトを与え、注目されました。

ロジェ・カイヨワのプロフィール

1913 フランス北部の古都、ランスに生まれる

1932 アンドレ・ブルトンと出遭いシュルレアリスム運動に参加(1934年脱退)

1933 エコール・ノルマル・シュペリウール(高等師範学校)入学

1937 ジョルジュ・バタイユ、ミシェル・レリスと
ともに「社会学研究会」を設立

1938 『**神話と人間**』出版

1939 『**人間と聖なるもの**』出版。
講演のためアルゼンチンに出発。
3か月の滞在予定だったが、
第二次世界大戦の勃発により
彼の地にとどまることになる
(1945年帰国)

1948 ユネスコ入り。
『**文学の思い上り**』出版

1951 『**聖なるものの社会学**』出版

1957 国際ペン東京大会ユネスコ
代表として来日

1958 『**遊びと人間**』出版

1961 『**ポンス・ピラト**』出版

1963 『**戦争論**』出版

1965 『**幻想のさなかに**』出版

1966 『**石**』『**イメージと人間**』出版

1971 アカデミー・フランセーズ会員に
選出される。
仏政府文化使節として再来日

1973 『**反対称**』『**蛸**』出版

1974 『**想像の世界へのアプローチ**』出版

1978 『**アルペイオスの流れ:旅路の果てに**』『**詩へのアプローチ**』『**めぐり合い**』出版。
同年末、パリで死去

その年の七月、カイヨワは講演などに招かれ、アルゼンチンのブエノスアイレスに到着します。三か月の滞在予定が、九月の大戦勃発により遅延し、結局一九四五年に戦火が収まる頃、フランスに帰国します。その間、カイヨワはラテン・アメリカの作家たちと交流しながら、南米に浸透するナチズムの影響と闘っていました。

帰国後の一九四八年に出版したのが、『文学の思い上り』[*16]という本です。そこでカイヨワは広い意味での文学表現における、戦争をふくめた社会的責任について問います。おそらくその時点で彼は、大西洋の対岸からヨーロッパの戦禍を観察しながら、バタイユの考え方、行動、それらに同調した自らの行動などに対して、頭を冷やして考えたのだと思います。そしてその年、彼はユネスコ[*17]に迎えられ、思想部会の委員となって、その後も要職を歴任することになります。エコール・ノルマル・シュペリウールを出た知的エリートですから、なろうと思えば大学の教授にもなれたはずですが、カイヨワは大学ではなく国際機関に身を置いて、在野の著作家として仕事をする道を選びました。

ユネスコは戦争の反省のもとに設立されました。戦火で焼かれた国々でも、植民地だった国々でも、人びとを教育することで社会を豊かにし、ひいては世界の平和の支えにすることがミッションですから、カイヨワはそのような世界認識、人間認識の中で、『戦争論』を書いたと考えられます。

戦後のフランスでは、サルトル[18]が哲学者メルロー＝ポンティ[19]と「レ・タン・モデルヌ[20]」という総合誌を創刊し、バタイユは「クリティーク[21]」という書評誌を始めますが、カイヨワもまたユネスコの支援で「ディオゲネス[22]」という国際的な学術雑誌を始めます。この時代には、さまざまな人たちがそれまでの考え方を根底から問い直し、新しい思考の地平を開いて、それを共有し広めていくことを目ざした、知的な活動が活発に展開されました。

「聖なるもの」や「遊び」や「賭け」、「祭り」、さらに「性」、「夢」といった非合理なものを見直す観点から、人間と社会を再検討したのは一人カイヨワだけではなく、二十世紀前半の知識世界に特徴的な傾向でもあります。バタイユはもちろん、フロイト[23]の精神分析も、『ホモ・ルーデンス[24]』（一九三八）などで知られるヨハン・ホイジンハ[25]の歴史学も、そのような傾向を代表する試みであり、さらにいうなら、「未開社会」を研究した二十世紀の人類学は初めからそのような傾向を持っていたともいえます。人類学はやがて人間の象徴作用や社会構造の考察にも広がっていきますが、カイヨワもまた学問領域を超えて人間のあり方を考察した、大学外の人類学者だといえるでしょう。『遊びと人間[26]』（一九五八）という本が特に有名ですが、その著作のテーマは詩や物語から、鉱物学、生物学、美学まで、ジャンルを超えて多岐にわたります。

ところで、バタイユは戦争もまた人間にとって「聖なるもの」の体験と同等だと考えていました。カイヨワも執筆に加わっていた「アセファル」[27]という雑誌の最後の号に、バタイユは「私自身が戦争だ」と書きました。人間の意識が限界で破綻するように、いま起こっている世界の大混乱は「脱自」の境地にある自分自身のあり方とじかにつながっているというのです。その思索を突き詰めまとめたのが『内的体験』[28]という本です。カイヨワの『戦争論』はそんなバタイユの思索にも多くを負っているはずなのですが、戦後に書かれたこの本には、なぜかバタイユの「バ」の字も出てきません。おそらくそこには、カイヨワのバタイユに対する複雑な思いが反映しているのだろうと思われます。

戦争は「破壊のための組織的企て」である

「はじめに」でも述べたように、この本は戦後すぐに、まず後半の第二部が書かれました。ここにカイヨワの戦争観のエッセンスがあります。その後、この後半部分を歴史的に、あるいはもう少し大きな視野から位置づけ、かつ肉付けするために、前半の第一部が十年以上もの時をかけて書かれます。

第二次世界大戦後には戦争をさまざまな局面から分析・検討するもの、総合的に戦争を論じ直すものなど、多くの本が書かれました。「戦争学（ポレモロジー）[29]」のようなものも提起されましたが、やはり衝撃的だったのは、強制収容所を生き延びた人たちの手記や、一兵卒として軍隊の中で非人間的な不条理を生きた人たちによる、小説もふくめた経験談でした。第二次世界大戦がいかに圧倒的な破壊・殺戮であったのか、しかもそれは国家同士の問題ではなく、いかに一人ひとりの人間にとっての悲惨な体験であったかということが分かります。しかしそれにもかかわらず、多くの人びとは熱狂して戦争に加わっていきました。その事実にカイヨワは向き合おうとしたのです。

本書では、第一部にも目を配りつつ、主として第二部「戦争の眩暈」を中心に読み進めていこうと思います。ただし、カイヨワの観点は「世界戦争」直後の、人間とは何かという問題に最も深刻な形で直面していた時代のものです。それから、およそ七十年が経ちました。近代の歴史は、進めば進むほど時間の密度が高くなっていきます。ですからこの七十年余りは、おそらく十九世紀初めのナポレオン戦争[*30]から、二十世紀の「世界戦争」に至るまでの時間と同じか、それ以上の密度を持っているでしょう。現代では、戦争のあり方も当時とはまったく異なってきているので、そのこともふまえて、カイヨワに寄り添いつつも批評的な視点をもって読んでいきたいと思います。

カイヨワはこの本全体の序文の中で、こう書いています。

戦争そのものの研究ではなく、戦争が人間の心と精神とを如何にひきつけ恍惚とさせるかを研究したものであった。（序）

つまり戦争が「恐るべき圧倒的な現実」として私たちにのしかかり、「個人個人の意識のなかにその目くるめくばかりの反響が現われてきていること」に目を向ける。そして、そのような戦争のあり方を規定するものとして国家に焦点をあて、国家が戦争と密接に結びつきながらどういう発達を遂げ、両者がどのような関係を持っていたのかに力点を置いて見ていく。この本の狙いがそこにあることを、おぼえておいてください。

また、「戦争」という言葉は、幅広く曖昧に使われます。それが人間の集団全体を巻き込んで、さまざまな限界を壊す出来事であるために、これを一義的に定義することはできないし、一面からの規定は戦争の現実を見誤らせることになります。しかし、核心だけは指定して、共有しておかないと議論が成り立ちません。

戦争の本質は、そのもろもろの性格は、戦争のもたらすいろいろな結果は、またその歴史上の役割は、戦争というものが単なる武力闘争ではなく、破壊のための組織的企てであるということを、心に留めておいてこそ、はじめて理解することができる。

カイヨワはまず、戦争は人間集団間の「破壊のための組織的企て」であると定義します。いわゆる政治的行為や単なる武器による闘争ではなく、敵の集団を破壊するための、集団による組織的な暴力の発動が、戦争行為であるというのです。

近代になると、戦争は主権国家同士[*31]の抗争であるという約束事ができますが、もともとは国家と国家の抗争に限らず、いろいろな形があったわけです。しかし犬のケンカは戦争ではなく、個々の人間同士の殴り合いも違います。人間により構成された集団が、組織的に武器という道具を用いて、敵の人間の命や所有物を破壊する。これはサルをふくめた動物にはできないことです。

ですから、まさに「戦争は文明を表出している」といえます。そして武器と組織化という戦争の要件は、それぞれの時代や地域における文明の状態と密接に関係していると、カイヨワは強調します。

戦争は文明とは逆のものだともいわれるが、道徳的見地あるいはその語源からいうのでなければ、これも正確ないい方ではない。戦争は、影のように文明につきまといい、文明と共に成長する。多くの人びとがいうように、戦争は文明そのものであり、戦争が何らかの形で文明を生むのだというのも、これまた真実ではない。文明は平和の産物であるからだ。とはいえ、戦争は文明を表出している。（同前）

それは、「戦争は野蛮だ」とか「文明国はそんなことをしない」といった考え、戦争を文明とは相容れないものとする一般的な考え方の否定です。むしろ逆で、戦争の発展と文明の発展とは、切っても切れない関係にあるものだというのです。ただし、戦争が文明をつくり出すのではなく、平和のうちに開花する文明を戦争は使い尽くす、ということでしょうか。

戦争の形態は社会の形態により変化する

カイヨワの論の特徴を先に指摘しておくなら、戦争の形態は社会の形態に対応すると考え、階層化された身分社会を土台にした戦争と、平等な民主的社会をベースにした近代の戦争との質的な違いを見るところでしょう。そして産業化された近代国家の平等原則に基づく戦争こそが、最も苛烈で無制限な大量殺戮を生み出すことを、大きなパラドクスだと考えているのです。この第1章と次の第2章で、それを見ていきましょう。

一方で、カイヨワはまた、機械化され物量化してゆく近代における苛烈な戦争のうちに、集団としての人間の、恐怖と魅惑の源泉としての「聖なるもの」の発露を認めます。彼は「聖なるもの」を人間社会における、歴史を超越した現象として扱います。いわゆる未開社会の宗教形態の要素としてだけではありません。文明がある方向に進んだときにも露呈してくる集団現象、合理性も善悪も超えて人びとを魅惑し畏怖させる事態を、「聖なるもの」と呼んでいるのです。これについては第3章で述べることにします。

そして第4章では、カイヨワの時代の世界戦争からさらにその形態を変えた、いままさに起こっている戦争について考えていきます。

カイヨワが記している戦争の形態の発展段階を、社会形態の変化とともに概観しておきましょう。

最初は、①身分差のないいわゆる未開の段階における、部族同士の抗争としての「原始的戦争」です。次に、②異民族を征服するための「帝国戦争」、これはエジプトやアッシリアなど大帝国が出現した時代の戦争を想定しているのでしょうが、その特徴は異質な文化を持つ集団同士の衝突だとします。次いで、③身分が階層化された封建社会における、専門化された貴族階級が担う職務としての戦争、すなわち「貴族戦争」。それから、④国家同士がそれぞれの国力をぶつけ合う「国民戦争」です。ただし、カイヨワの論の中でとりわけ重視されているのは、③から④への転換です。
①の「原始的戦争」は部族という小集団の争いで、これは狩猟に近いものでした。待ち伏せや不意打ちといった戦い方が主ですが、規模や目的は限られています。
②は大きな権力によって組織化された戦争ですが、敵が「異文明」なため共通の価値がなく、敵を破壊し屈服させる征服戦争になります。
中世の封建社会になると、戦争を役割とする特権的な身分ができます。日本でいえば武士のような、騎士階級の貴族同士が、王家や領土のために戦う。それが③の「貴族戦争」です。一般の民衆は農地や家を荒らされたり、税と称して歩兵の頭数を揃えるために連れて行かれたりはしますが、戦争の目的にはまったく関係がありません。また、金で雇われた傭兵も登場しますが、彼らには敵に対する憎悪も戦意もないでしょう。

一方、甲冑《かっちゅう》をつけた騎士たちによる実際の戦闘は、スポーツやゲームのように儀礼化し、様式化しています。それは決闘の形態がベースとなり、誇り高く一騎打ちをすることで勝負を決めました。その目的は殺戮ではなく相手を降伏させることであり、何よりも名誉が重んじられたのです。そのことによって、破壊や殺戮の度合いは緩和されていたといえるでしょう。

それに対して、④の近代以降の「国民戦争」では、敵を降伏させるために、それぞれの国家が人的・物的資源を投入します。ただし、兵力をなるべく無駄にしないために、初期にはまだ、さまざまな駆け引きによって、過度な殺戮は抑えられていました。

しかし社会が平等になると、万人が平等に武器を持つようになり「国民」として戦う。つまり万人の敵対戦争になります。それは儀礼を重んじる遊戯ではなく、真剣な潰し合いになるのです。すると、もはや名誉も何もなく、凄惨な破壊と殺戮が起こります。

この四つの区別から、ひとつの一般的原則を、苦もなく引き出すことができる。すなわち、戦争を苛烈なものにするのは、勇猛さでも、敢闘精神でも、残酷さでもないということだ。それは、国家というものの、機械化の度合いである。

（第一部・第一章）

カイヨワは、ここから国家と機械化という文明の要素を取り出す一方で、儀礼といった「文化的」要素の抹消に目を向けます。

華麗な軍服やファンファーレ、かつての厳格でまた貴族的な試合ぶり、巧妙な用兵術、危険なものとは知りながら、なお規則正しく行なわれた礼儀の交換、これらはみな姿を消してしまった。（略）このような教えを実行する士官は、ただ射ち殺されるだけである。

（第二部・第一章）


これは貴族戦争の時代へのノスタルジーなのでしょうか。いや、そうではないでしょう。一人ひとりが権利を持って、社会が民主的になり、より人間的になったにもかかわらず、戦争そのものは非人間的になっていくというパラドクスが生じたというのです。

近代を出発点にして、現代の戦争にまでつながるこのパラドクスをどう理解するのか、あるいは、どうやってそれを解消することができるのか、そのことがカイヨワによる本書最大のモチーフになっています。

ただし、戦争を普遍的に語ろうとしながら、その視点はどうしてもヨーロッパが中心になります。それは、ヨーロッパ中世の封建社会を「貴族戦争」のモデルにしているところに端的に表れています。カイヨワは、西洋的な思考の伝統から出て、いわゆる未開社会における「聖なるもの」をはじめ、ヨーロッパ以外のさまざまな地域の文化に目を向けた人類学者の一人ですが、とりわけ歴史を考えるとき、西洋の枠組みから完全に自由ではありません。

もちろんカイヨワは、この本の第一部・第二章でも、「古代中国の戦争法」について大きくページを割いています。

ここでは詳しく取り上げませんが、例えば紀元前五〇〇年頃、春秋時代[*32]に書かれたとされる兵法書『孫子』[*33]には、「戦わずして勝つ」ことが、最もよい戦争の仕方だと記されています。そのためにはたとえ狡《ずる》い策略を弄《ろう》してでも、無駄な戦闘は避けるべきだとしたのです。カイヨワはほかにも、いくつかの兵法書の言葉を引きつつ、以下のように記します。

> 戦争は、明らかに一つの病とされ、一つの災厄とされていた。古代においては、戦争を行ないながらも人は憎しみを持たなかった。この原則は常に賞讃に値いする。また人は戦争を速かに終結させる術を心得ていた。戦わざるは戦うに勝る、と各人が信じていたからである。
>
> （第一部・第二章）

戦争は「災厄」であり、避けるべき「病」であるというこの観点は、古代中国の文明に「医食同源」[*34]の思想があることと、無関係ではないでしょう。伝説上の三皇五帝[*35]のうち、神農や黄帝は中国医学の祖とされました。つまり、皇帝の権力の源には、人びとを養い、癒す力があるとされていたのです。

カイヨワは一方で、節度と中庸を重んじる古代中国の戦争に、ヨーロッパ封建社会の貴族的な戦争を対比させつつ、そこに、人類史上における最も忍耐強い、「武力抗争の凶暴さをやわらげるために行なわれた試み」を見ています。しかしまた、戦いを避けるためには何でもよしとする考えに狡さや卑怯さ、ある種の野蛮さを見て、貴族的な戦争の「徳性」に肩入れしているようにも思えます。また、たしかにカイヨワのいうように、古代中国においても、二千年後のヨーロッパ同様、戦争に民衆が大量に動員されることにもありましたが、農業基盤の社会の戦争と近代産業国家のそれとでは根本的な違いがあるでしょう。そのあたり、国家の見方に類型的なきらいがあり、かつ戦争形態の段階論を西洋史の展開に沿って立てているところは、西洋人としての限界といえるのかもしれません。

「歩兵が民主主義をつくった」――「国民戦争」の時代

それでも「近代への転換」は、世界で共通に起こります。

西洋において、封建時代の「貴族戦争」から、どのようにして「国民戦争」の時代に変わっていったか、という問題を、カイヨワは「機械化」の観点から扱います。そのとき彼が引用するのが、フーラーというイギリスの軍人の次の言葉です。

〈マスケット銃[*36]が歩兵をつくり、歩兵が民主主義をつくった〉（第二部・第一章）

武器が刀剣から銃に変わり、剣術の技を磨いた一階級のものだった戦争が、平民の誰もが戦える場になったということです。あるいは、それまでは騎士の従僕に過ぎなかった歩兵たちが、銃を持つことで主役に躍り出ます。「歩兵が騎兵にとってかわり、平等が特権にとってかわった」（第一部・第五章）のです。

アメリカはいまも銃社会で、学校で乱射事件が起こると、トランプ大統領（当時）は「教師を銃で武装させろ」などといいました。これはアメリカがもともと、武装して先住民を掃討することによってできた社会であり、銃が「自由」をつくったという伝統があるからです。掃討すべき敵、彼らにとっての「異物」が国内に広くいたのですね。ヨーロッパの事情はまた違って、近代社会は国民国家として組織されていきますが、そのとき平民が銃を持つことで貴族の専制を崩していったのです。民主化は平民の武装に支えられていました。日本の場合はまた違います。日本はかつて「刀狩り」が行われた社会で、平民は武器を持つことを禁じられていました。ですから近代化、つまり明治維新は武士が主力で起こりましたが、その後に、平民に武器を持たせることで西洋式の軍隊が組織されたのです。軍隊も武器も、日本では民主主義に結びついているとはいえないでしょう。

しかし、ヨーロッパの社会では、平民が武器を持ち、貴族や特権階級と同等の人間として、力と法的権利を手にしていくことで、民主主義社会ができていった。言い換えれば、誰もが銃を与えられ、国を守るための戦いに参加することで、国家に忠誠を誓うようになります。すると国家のほうも、民衆をそのまま軍事力とする。そして戦争の規模が大きくなっていくのです。

平民はみじめな生活をし、黙ってたえ忍ぶことに慣れてきた。けれども、一旦その手に銃を与えられ、国民を防衛するために呼び寄せられた時、はじめて彼らは自分の価値の重要さを意識した。数かずの危険に立ち向かい、敵を殺すことにより、自分も貴族や特権階級とまったく同じ人間なのだということを、いやというほどはっきりと悟った時、はじめて彼らは自分の価値の重要さを意識したのである。（同前）

これが近代の民主制国家の内実で、武装した市民たちがそのまま軍隊になっていく。身分制社会から、平等社会に近づけば近づくほど戦争が激化していくパラドクスは、このような理由から生じているのです。

ところで、日本で「戦争」という言葉が使われるようになるのは、明治以降のことです。それ以前は一般に「戦《いくさ》」で、さらに区別する場合は、「役《えき》」とか「乱」、「変」といった言葉が使われていました。中央権力がそれに従わない勢力（蝦夷《えみし》や異国）を征伐したり、平定したりする場合は「役」で、中央の権力抗争に絡んだ国内の乱れが「乱」、クーデターや政変を狙った事件などが「変」というわけですね。「戦」がなぜ「戦争」という言葉に取って代わられたのかといえば、これが西洋の war（英）や guerre（仏）や Krieg（独）の翻訳語だからです。

明治になって「戦争」という言葉がいつから使われたかといえば、はっきりしているのは「日清戦争」や「日露戦争」です。これらは日本が西洋型の近代国家となって初めて行った対外戦争でした。つまり「戦争」という言葉は、近代の国家間戦争を指すためにつくられたのです。別の観点から見れば、日本はこの訳語を必要とするようになったときから、西洋的な近代の国家間秩序に入ったということになるでしょう。

かつてのヨーロッパで war といえば、領主や傭兵団の長など誰もが起こすことができる、多様な形の戦争全般を指していました。それがいつ国家間戦争を表す言葉になったのか、その答えは歴史的にはっきりしています。

十七世紀前半に「三十年戦争[*37]」（一六一八～四八）と呼ばれる、ヨーロッパ全土を戦乱に巻き込んだ争いが起こりました。これはカトリックとプロテスタントの対立を軸に百年にわたった抗争の最後の波で、最初のヨーロッパ大戦ともいわれます。その大規模な混乱を収拾するために開かれたのがウェストファリア講和会議[*38]（一六四八）で、以後、戦争をするのに信仰の違いを口実にしないこと、そして戦争をすることができるのは主権国家のみとされ、戦争は誰もが勝手に起こすことができるものではなくなったのです。主権国家とは、相互に承認し合うことで初めて成立するものですから、勝手に名乗りを上げてもダメで、もし勝手に戦いを始めたとしても、それは「戦争」ではなく「内乱」「反乱」として「主権」のもとに制圧されます。

ヨーロッパ中の諸権力が参加して結ばれたこの「ウェストファリア条約」によってつくられた新たな秩序が「ウェストファリア体制」と呼ばれるものです。それは主権国家間秩序ということができますが、このときから、相互承認システムによる主権国家が、「宣戦布告」によって戦争を始め、第三国つまり非当事国が設定する「講和会議」によって戦争を終えるというルールができました。

同時にこのとき、「平時」と「戦時（非常時）」という区別が生じます。いざ「戦時」となったら、「平時」のときの平和協定は停止します。ただし、むやみに敵国の市民を殺してはいけないとか、敵兵でも武器を捨てれば殺さずに捕虜にし、あとで交換するとか、「戦時」の取り決めもできます。これが国家間関係を律するルールになって、これを「国際法」と呼びます。この戦時の法には、特に条文があるわけではありません。主権国家同士の相互承認によって成立する秩序です。もしこの法に従わなければ「不正」を糾弾され、国際秩序から何らかの制裁を受けることになります。

国際法を基礎づけ、その概略をつくったオランダの法学者グロティウス*39による著書は、まさに『戦争と平和の法』*40（一六二五）と名づけられています。そこには近代国家と戦争権限との切っても切れない関係が記されています。

そのようにして、戦争は国家間のものとなりました。同時に主権国家というまとまりができるわけですが、するとそれまでは自分の住む土地の領主の支配下にあった「領民」が、「国民」として統合され、国家に帰属するようになります。カイヨワは、そのような「戦争する国家」の組織化に注目しています。

戦争遂行のため、国家は市民に対し、その金と血をさし出すよう求めた。（略）中央集権的な行政機構がおかれ、多くの新しい部署が設けられ、権力に情報を伝え、権力の決定事項を執行する全国的な官僚制度ができたのは、何よりもまず、戦争を行なうために必要な、いろいろな要求を満足させるためであった。この官僚組織は、たくさんの兵士を募集し、集結し、教育し、部隊に編成し、これを輸送し、各所に配置し、これに糧食を補給し、衣服を支給するためおかれたものであった。（同前）

　では、今度は民衆の側から見てみましょう。経済活動によって市民が富を持つようになると、王や貴族に対して自由や平等といった権利を主張するようになります。その行きついた先が「フランス革命[*41]」（一七八九～九九）です。国家の主権者であった国王を処刑し、残された国家は国民のものとなります。人民主権、すなわち国民が国家の主権者だという主張をし、その自覚も生じる。そして、革命政府を倒そうとする王制諸国による軍事介入から自分たちの国を守るために、義勇兵が集まってきます。それとともに、国民から兵員を集める目的で、徴兵制が布《し》かれるようになりました。そして歴史上初めて「国民からなる軍隊」というものができるようになるのです。

　フランスの革命軍の中から頭角を現した名将ナポレオンが、やがて破竹の勢いでヨーロッパ中を席巻することになります。政治の実権も掌握したナポレオンが率いた軍隊は、各地で快進撃を続けました。他の国々は当然、なぜフランスがそんなに強いのかを学ぶことになります。それは、フランスの軍隊が「国民軍」つまり国民主体の軍隊だったからです。王家のために徴集されたのではなく、革命によって得た自由を自分たちで守るために戦う兵士たちでした。だから諸外国の干渉に対して戦うフランス軍の士気は、きわめて高かったのです。

そこで、ヨーロッパ諸国はその後、ナポレオンによる征服からの解放を、やはり国民軍を組織し、国民戦争によって実現しようとします。国王や皇帝を戴くこれらの諸国の場合、国民を主体とする共和制を採ったわけではありませんから、かつての「領民」を「国民」化するために、国家を王家への帰属から制度的に自立させていくのです。

ちなみに、ナポレオン戦争における最大規模の戦いである「ライプツィヒの戦い」[*42]（一八一三）が、「諸国民戦争」と呼ばれるのは象徴的です。そこではプロイセン、ロシア、オーストリア、スウェーデンといった「諸国民」の連合軍が、ナポレオン率いるフランスの「国民軍」を破ったとされています。

以上見てきたように、近代における「主権国家体制の成立」「銃と歩兵の進歩」「国民軍の創設」というプロセスによって、ヨーロッパでは民主主義社会が成立すると同時に、戦争は「国民戦争」という形をとるに至ったのです。

クラウゼヴィッツの『戦争論』――戦争の「純粋な形態」

ちょうどその頃、近代の戦争とはどのようなものかを考察したのが、クラウゼヴィッツの『戦争論』です。これは一八一八〜三〇年頃に書かれ、彼の死後、一八三二年に刊行されました。クラウゼヴィッツは、フランス革命後の対仏同盟戦争と、その後のナポレオン戦争に、プロイセン軍の兵士（のちに指揮官）として自身が従軍した経験を素材にして、「国民の事業」となった戦争について、その質と実際とを本格的に論じました。「ナポレオンこのかた、戦争はまずフランスの側において、ついでフランスに対抗する同盟軍の側で、再び国民の本分となり、これまでとはまったく異なる性質を帯びるにいたった、――と言うよりは、むしろ戦争の本性、即ち戦争の絶対的形態に著しく近づいた、と言うほうがいっそう適切である」（篠田英雄訳、岩波文庫、下巻）

ここで「戦争の本性」とか「戦争の絶対的形態」といっているのは、「敵の完全な打倒」という理念のことです。しかしクラウゼヴィッツはそのような「絶対的戦争」もしくは「純粋戦争」というものを、あくまでも「現実の戦争」とは区別して考えました。「戦争は政治的手段とは異なる手段をもって継続される政治にほかならない」（同、上巻）というのが、クラウゼヴィッツの有名な定式です。戦争は基本的に政治の延長上にあり、その目的も政治的なものである。それが「現実の戦争」だというのです。国家間の政治が外交でうまくいかないときに、非常手段に訴えて「我が方の意志を強要する」ことが戦争であると定義して、そのための合理的な条件や方法を考えたのです。

ところが、いかに政治に従属するとはいっても、戦争には戦争独自の内在的な論理がある、とクラウゼヴィッツは考えました。戦争行為は政治的な配慮を超えて、双方の威力の「競り上げ」に走るという傾向を持っているというのです。すなわち、敵の強力発揮に対して、自国はそれ以上の破壊力を示す、敵がそれを上回れば、自国もまたさらに倍加した破壊力を求める、という抗争そのものの内にある競り上げの論理です。

もし戦争が政治的目的の枠を超えて自己目的化し、その「本性」つまりは「純粋な形態」をさらけ出したら、破壊的な威力だけが闇雲にエスカレートして留まるところを知らない、というわけです。

カイヨワは、クラウゼヴィッツの論をめぐって、以下のように書いています。

いまや戦争はある原理によって動かされるようになってしまったのであって、その原理は何か無制限なものを含んでおり、そのために戦争の大きさと激しさは、休むことなく無限に増大してゆくしかない、というのである。法のうえでの平等は、徴兵により召集された兵士に対して、士気を与える結果となった。こうしてはじめて兵士たちは、祖国の呼びかけに答えて祖国防衛のためあるいは他国攻撃のために戦うのは、とりもなおさず自分自身のものを守り、自分自身のものを増大させるために戦うことなのだ、という考えをもつようになった。（略）クラウゼヴィッツにとって、一九世紀に起こった大きな変化とはこのようなものであった。〈いまから少し前、戦争がそれまであった慣習的な枠を破りはじめた時以来〉国家の運命を方向づけてきたのはこの変化であった。（略）戦争がその本性にもどった、といってもよい。戦争はその変態的形態を脱して、純粋な形態に到達したのである。

（第二部・第一章）

ここでカイヨワは、十九世紀初めの「国民戦争」の始まりの中で、クラウゼヴィッツが危機感をもってその予兆を見た、戦争の「純粋な形態」に着目しています。クラウゼヴィッツはあくまでも、「現実の戦争」は政治的理性によってコントロールされるべき手段であるとみなしていました。しかし実際にカイヨワの時代が経験したのは、まさに政治を呑み込んでしまう戦争の「純粋な形態」の現れであり、苛烈な「絶対的戦争」だったのです。

＊1　ローマ神話

古代ローマ人のもった神話。ギリシア文化の影響を強く受けたローマ人は、ローマ固有の神々をギリシア神に対応させて同一視したため、現存するローマ神話のほとんどは、神名をラテン語名に変えて（ゼウス→ユピテル、ディオニソス→バッカスなど）ギリシア神話を再構成したもの。

＊2　ベローナ

Bellona（ラテン語、英語など）。ラテン語bellum（戦争）が語源か。戦いの女神で、鎧兜を身につけ、松明と槍と棍棒または鞭を携えた恐ろしい姿で描かれることが多い。ギリシアの戦いの女神エニュオと同一視される。

＊3　マルス

古代ローマの古い軍神で、ギリシア神話の軍神アレスと同一視される。ユピテルに次ぐ国家の守護神として尊崇され、開戦の際には将軍がマルスの聖なる槍を振って「マルスよ、起きよ」と叫ぶならわしだった。

＊4　ジョルジュ・バタイユ

一八九七〜一九六二。フランスの作家・思想家。図書館勤務の傍ら、三〇年代にはシュルレアリスムへの離反者を糾合して思想運動を推進、大戦中は『無神学大全』三部作で、独特の神秘体験の上に神も救済も知識も求めない哲学を築く。一方、小説『眼球譚』『マダム・エドワルダ』などでエロティシズムを中心に据えた大胆な世界観を築いた。

＊5　第一次世界大戦

一九一四〜一八年の間、主要な強国のほとんどすべてを巻き込んで戦われた最初の「世界戦争」。強国間の対立、同盟国（独墺伊）と協商国（英仏露）の対抗関係、オスマン帝国衰退に伴うバルカン半島での複雑な民族相剋などが原因とされる。協商国側が勝利。

＊6　ランス

パリ北東百四十キロに所在するシャンパーニュ地方の主要都市。シャンパーニュ・ワイン（シャンパン）生産と、ゴシック様式の壮麗な〈大聖堂〉（十三世紀建造）で知られる。

＊7　ルイ・ル・グラン校

一五六三年設立の名門リセ。パリ大学、エコール・ノルマル・シュペリウールなどがひしめくパリの文教地区カルチェ・ラタンに所在。校名はルイ大王（ル・グラン）すなわち太陽王ルイ十四世にちなむ。

＊8　『西洋の没落』

ドイツの哲学者シュペングラー（一八八〇～一九三六）の歴史哲学書。〈世界史の形態学〉という独自の方法によって八つの高度文化を展望し、西洋文化が末期的な〈文明〉段階にあると分析、その没落を予言した。

＊9　シュルレアリスム

超現実主義。ブルトン『シュルレアリスム宣言』（一九二四）に始まる前衛的な文学・芸術・思想運動。「純粋な心的自動運動」「美的・道徳的な気遣いから離れた思考の書き取り」（同宣言）により卑俗な日常の彼方に広がる未知の沃野に到達することを目指して、多数の芸術家が参集、二十世紀西欧精神の大きな潮流となった。

＊10　ダダイスム

単に「ダダ」とも。一九一〇年代、ルーマニア出身の詩人トリスタン・ツァラ（一八九六～一九六三）が興した前衛芸術運動。第一次世界大戦下のニヒリズム的気分を背景に、伝統との断絶、形式の破壊、世俗的価値の紊乱を標榜。ダダはフランスの幼児語で「お馬」の意だが、たまたまの命名で特に意味はない。

＊11　エコール・ノルマル・シュペリウール

高等師範学校。一七九四年設立の国立教員養成

機関で、入学はきわめて難しいが、入学すれば国家公務員扱いで給与も支給される。ここで学び教授資格試験を経て大学教授となる者が多い。哲学者ではベルクソン、サルトル、シモーヌ・ヴェイユ、メルロー＝ポンティ、アルチュセール、フーコー、デリダらが当校出身。

＊12　アンドレ・ブルトン

一八九六〜一九六六。フランスの詩人・批評家。「シュルレアリスム宣言」（一九二四）で、想像力の復権、「自動記述」による言語の解放などを通じての芸術観・人生観の革命を唱え、政治遍歴・亡命などをはさんで終生運動に指針を与え続けた。評論『シュルレアリスムと絵画』、詩集『地の光』、散文『ナジャ』『通底器』など。

＊13　ミシェル・レリス

一九〇一〜九〇。二四年バタイユと知り合う。シュルレアリスム運動に参加するも、二九年バタイユとともに離脱し、雑誌「ドキュマン」及び社会学研究会で協働。人類学者としては人類学博物館のアフリカ担当研究員を長くつとめた（三三〜七一）。著書に『幻のアフリカ』『成熟の年齢』『ゲームの規則』など。

＊14　「社会学研究会」

コレージュ・ド・ソシオロジー。「聖社会学研究会」とも。一九三七年三月、バタイユ、カイヨワ、レリスにより設立。同年十一月活動開始。三九年七月まで月二回の例会が続けられた。三八年七月、「ＮＲＦ」誌上に創設記念論文としてバタイユ「魔法使いの弟子」、レリス「日常生活と聖なるもの」、カイヨワ「冬の風」掲載。ピエール・クロソウスキー、ヴァルター・ベンヤミンらも参加。

＊15　『人間と聖なるもの』

一九三九年、Ｐ・Ｕ・Ｆ社から「神話と宗教」叢書の第三冊として初版刊行。三〇年代にパリの高等研究実習院でジョルジュ・デュメジルとマルセル・モースから学んだ人類学や宗教学に依拠しつつ、研究者らのフィールド・ワークの成果を取り入れながら、人間存在の本質的要素であり、「畏怖」と「魅惑」の二面性を持つ「聖なるもの」についての独創的な分析を試みた。邦訳『改訳版　人間と聖なるもの』（塚原史ほか訳、一九九四年、せりか書房）。

＊16　『文学の思い上り』
フランス伝統の古典主義とヒューマニズムの立場から、文学の社会的・道徳的機能を考察し、〈現代の文学の思い上り〉、すなわち、人間社会からの脱走者としての〈文学のための文学〉や〈政治に屈従する文学〉を弾劾した書。

＊17　ユネスコ
国際連合教育科学文化機関（United Nations Educational, Scientific and Cultural Organization）の略称（U.N.E.S.C.O）。諸国民間の教育・科学・文化の交流を通じて、国際平和と人類の共通の福祉という目的を促進するために創設（一九四六年十一月）された国連の専門機関。

＊18　サルトル
一九〇五〜八〇。フランスの哲学者・小説家・劇作家。第二次世界大戦直後、「実存主義」を提唱。また、「アンガージュマン（社会参加）」を説き、のちマルクス主義に接近。論文『存在と無』『弁証法的理性批判』、小説『嘔吐』『自由への道』、戯曲『悪魔と神』『出口なし』など。

＊19　メルロー＝ポンティ
一九〇八〜六一。無神論的実存主義・現象学の哲学者。長くサルトルの盟友だったが、共産主義をめぐり訣別。著書に『知覚の現象学』、『眼と精神』など。

＊20　「レ・タン・モデルヌ」
「現代」の意。一九四五年、サルトルとボーヴォ

ワールにより創刊。当初の編集委員にメルロー＝ポンティ、レイモン・アロン、ミシェル・レリス、ジャン・ポーランなど。八六～二〇一八年、クロード・ランズマン編集長。二〇一九年に終刊。

＊21 「クリティーク」

「批評」の意。一九四六年、バタイユにより創刊された書評中心の総合誌。編集主幹はバタイユ、ジャン・ピエルを経て、現在はフィリップ・ロジェ。

＊22 「ディオゲネス」

一九五二年、ユネスコが創刊し、カイヨワが編集長をつとめた国際的な哲学・人文科学雑誌。誌名は、〈無恥〉によりあらゆる因習・権威からの解放を目指した古代ギリシアの哲人ディオゲネス（前四世紀）にちなむ。

＊23 フロイト

一八五六～一九三九。オーストリアの精神分析学者。ユダヤ人。無意識の存在に着目、自由連想法による精神分析を創始した。一九一五年以後、後期の自我心理学の立場に移行、〈生の欲動（エロス）〉と〈死の欲動（タナトス）〉の二元論を立てて、前期の一元的な〈汎性欲論〉を訂正した。著書に『夢判断』『精神分析学入門』など。

＊24 『ホモ・ルーデンス』

〈遊び〉は文化に含まれるとの通念を逆転させ、遊びは文化より古く、「文化は遊びの形式のなかに成立したこと、文化は原初から遊ばれるものであったこと」を主張し、「遊びの相の下に」ヨーロッパ文明の成立・展開の過程をみた書。書名は著者の造語で、ラテン語で〈遊ぶ人〉の意。

＊25　ヨハン・ホイジンハ
一八七二～一九四五。オランダの歴史家。ホイジンガとも。一九一五年ライデン大学教授。十四～十五世紀のブルゴーニュ公国の暮らしと文化の諸相を描いた『中世の秋』（一九）などで文化史研究に新生面を開く。ドイツ占領軍による学校閉鎖（四〇年）に抵抗、一時収容所に入れられた。

＊26『遊びと人間』
「遊び」の性質を競争（アゴン）・運（アレア）・模倣（ミミクリ）・眩暈（イリンクス）に分類し、これを基点に文化の発達を考察したカイヨワの代表作。

＊27「アセファル」
一九三六年六月、雑誌「アセファル（宗教、社会学、哲学）」第一号刊行（三九年六月の第五号で終刊）。同時にバタイユは新たな宗教と共同体の創造を希求し、秘密結社「アセファル」結成。「無頭人」の意。カイヨワ、クロソウスキー、アンドレ・マッソン、ロール（コレット・ペニョ）らが参加。その実態は謎に満ちている。三九年十月、バタイユはメンバーに結社の解散を通知。

＊28『内的体験』
一九四三年に刊行されたバタイユの主著である『無神学大全』三部作のひとつ。

＊29　ポレモロジー
フランスの社会学者ガストン・ブトゥール（一八九六～一九八〇）の造語。戦争の総合研究の一例。紛争を引き起こす要因となる経済的、文化的、心理的な現象、また人口現象などの相関を研究、社会現象としての戦争の客観的かつ科学的な調査を目的とし、国際的な紛争の予防と解決をめざした。

＊30　ナポレオン戦争
フランスのナポレオンが指揮した戦争（一七九

六～一八一五）の総称。トラファルガー海戦、アウステルリッツの三帝会戦、ロシア遠征、ワーテルローの戦いなどを含む。フランス革命を各国の反革命勢力の干渉から守るための戦争から、ヨーロッパ制圧の侵略戦争へと転換した。

＊31　主権国家
主権を行使することのできる独立国家。

＊32　春秋時代
周（東周）の洛陽遷都（前七七〇年）から三晋（韓・魏・趙）が分立する前四〇三年までの時代。斉・晋・楚・呉・越などの諸侯が、中原に覇を唱えるべく攻防を繰り返した。諸侯の事件を記した編年史『春秋』から主要な史実と年代が得られるため、この名がある。

＊33　兵法書『孫子』
中国の古典のうち、兵法や軍学について書かれたものを兵法書、または兵書という。春秋時代に書かれた全十三篇からなる『孫子』は、作者とされる孫武（孫子）が実際の戦いから学んだことを思想のレベルにまで引き上げたといわれる書。

＊34　医食同源
病気の治療（医）と食事をとること（食）は、いずれも健康を保つことであり、その本質は同じだという考え。

＊35　三皇五帝
中国最古の王朝「夏」より以前に世を治めたとされる伝説上の三人の天子と五人の帝。該当者には諸説ある。

＊36　マスケット銃
弾を銃身の先に込めるタイプの歩兵銃。

＊37　三十年戦争
一六一八～四八年、ドイツを中心に行われた国

際戦争。カトリック勢力（神聖ローマ帝国・スペイン帝国）とプロテスタント勢力（スウェーデン・デンマーク・オランダなど）による宗教戦争の側面と、ハプスブルク家（オーストリア・スペイン）とブルボン家（フランス）の勢力争いという政治戦争の側面がある。

＊38　ウェストファリア講和会議
ドイツのヴァストファーレン地方の二つの都市で行われた、三十年戦争の講和会議。

＊39　グロティウス
ヒューゴ・グロティウス。一五八三〜一六四五。オランダの政治家・法学者。ライデン大学に学び、十五歳で弁護士となる。

＊40　『戦争と平和の法』
三十年戦争の悲惨さを見たグロティウスが、平和のための国際的法秩序の確立を主張した書。近世国際法学の基礎となった。

＊41　フランス革命
一七八九〜九九、絶対王政下のフランスで、ブルジョワジー・都市民衆・農民の同盟勢力が、王制廃止、封建的諸特権の廃止、近代的所有権の確立など、巨大な政治的・経済的変革を達成した革命。

＊42　ライプツィヒの戦い
現在のドイツ・ライプツィヒで行われた、プロイセン・オーストリア・ロシア・スウェーデンの連合軍がナポレオン軍を破った戦い。これによってフランスのドイツ制覇は崩壊、翌一八一四年、連合軍はパリを占領した。

第2章——戦争の新たな次元「全体戦争」

国家と「死」――ナショナリズムの誕生

　前章で述べたように、十九世紀以後、近代の「国民戦争」というものの枠組みが出来上がります。それはまず、ウェストファリア条約による国際法秩序の成立と、その下で戦争が主権国家の権限に結びつけられたことと関係しています。

　それ以前のヨーロッパの戦争は、多くの場合、「神」によって正当化されてきました。神のための「聖戦」というわけです。ところがこの新しい体制のもとでは、「神」は戦争の口実にはならず、国際法のルールにさえ従えば国家は戦争をしてもよいことになります。つまり、戦争には善も悪もない。その意味では、戦争当事国はみな法的に同等になります。これを「無差別戦争観」といいます。主権国家には戦争をする権利があるのであって、良い戦争も悪い戦争もなく、規制されるのはやり方だけです。

　それによって、戦争は「国家」と切り離せないものとなりました。その国家が国民を統合する。政治形態が王制であれ、共和制であれ、人びとの運命は、帰属する国家の命運に結びつけられるのです。国民の義務として戦争に駆り出されることがある一方、進んで国家のために尽くすという意識もつくられる。あるいは、国家のために死ぬことが美徳とされるようになる。それが「ナショナリズム」です。この場合のナショナリズムは、ある社会のひとつの風潮ということではなく、近代の「国民国家」が形成されるときに、国家と人民とを関係づけ、特徴づける意識傾向のことです。「ナショナリズム」は死を媒介にしています。死の意味づけといってもいいでしょう。近代社会で一人ひとりバラバラになった個人は、「なぜ生きるのか」の指針を失い、現世的な欲望にかられて目先の利害にのめり込みがちですが、そこに国家が意味を与えてくれるというのです。「国家のために死ぬ」。すると「わたし」の死は多くの人に悼まれ、生きていたことにも意味があるというわけです。

カイヨワは国家の統制のほうを強調していますが、「国民国家」はこうした人びとの帰属意識によっても支えられています。

クラウゼヴィッツと同時代の哲学者ヘーゲル[*1]は、人間世界の発展を「戦いの歴史」としてまとめ、それが近代の「国家」を生み出したとしました。死については近代哲学の中では視野の外に置かれていた死を重視しました。ヘーゲルは近代哲学の中では考えられないものにたじろがず直視して、死の持つ力を我がものにすることで精神が確立されるというのです。そしてその精神の現実態が国家のうちに実現される。すると国家は個々人の死を克服して実現された永遠として、不朽の実在となる。言い換えれば国家は、戦いに倒れた人びとの死の上に壮麗な墓碑のようにして建立されるのです。

いささか抽象的ですが、ヘーゲル哲学の核心をこう説明したのは、ロシアからの亡命哲学者アレクサンドル・コジェーヴで[*2]、カイヨワはその講義録をつくっていました。

西洋の伝統的な考え方と比較してみると、こんな風にもいえるでしょう。キリスト教は、ばらばらな個人を「愛」によって結びつけます。人びとは相互に結びつくのではなく、神への愛、神のわれわれに対する愛によって結びつくのです。そして愛はときとして、「死を超えた愛」となることで成就します。なかでも神秘家たちは、死に近似した恍惚境に入って、神との合一を果たします。そんなキリスト教の神あるいは「教会」の場所に、近代においては「国家」が取って代わるわけです。ばらばらの個人を、今度は国家という全体性が結びつける。だから死を超えて、国家に身を捧げるのです。

カイヨワは、国家と戦争との関係を強調してヘーゲルを次のように引用しています。

ヘーゲルが戦争をよいもの不可欠のものと考えたのは、彼のいう理念の担い手である国家が、これによって強化されるためであった。戦争により、いかにして国家がその理想的統一に到達するかを、彼は示している。（略）（以下、ヘーゲル『精神現象学』[*3]よりカイヨワが引用）〈個人がこのような孤立のなかに根をおろし、そこで固まってしまわないようにするため、（略）政府はときどき戦争を行ない、内輪な交わりのなかに安住している個人を揺り動かさなければならない。政府は戦争をすることにより、日常的なものとなってしまっている彼らの秩序を混乱させ、その独立の権利を侵害しなければならぬ。このような秩序にひたりきって、全体からはなれ、自分だけのための絶対不可侵な生活を願い、自己の安住のみを求めるような個人に対しては、政府はすべからく、ここに課された労働のなかで、彼らの支配者である死というものが如何なるものか、思い知らせてやる必要がある。〉（第二部・第一章）

「ふるさとの山川」や「父祖の地」を愛する傾向を「パトリオティズム」[*4]といいます。それに対して、より抽象的な理念である「国家」を愛することは「ナショナリズム」といい、前者とは異なるものです。しかし国家が宗教化し、自然を真似てそれと一体化すると、パトリオティズムはナショナリズムに統合されてしまいます。近代以降の日本などでは特にその傾向が強かったでしょう。

ヨーロッパでいえば、例えば古代ギリシアの時代、攻めてきたペルシアの大軍から故郷の共同体を守るために、スパルタ[*5]の勇者たちが献身的に戦い抜いて全滅したという、有名な「テルモピュライの戦い」[*6]（紀元前四八〇年）がありますが、これはパトリオティズムです。しかし、近代の国家は抽象的な理念による構築物で成員も雑多ですから、ナショナリズムはそのような自然な心情とは異なって、身近な家族や友人ではなく、見ず知らずの「国民」や自分の帰属する「国家」への献身を求めるのです。

かつては教会が「キリストの身体」とされ、人びとの「愛」つまり信仰がその身体を生かすと考えられました。「国家」は、国家のために死ぬ、あるいはそうみなされる人びとの犠牲によって、その活力と凝集力を得るのです。「この人たちが国のために死んだ。おまえも国のために死ね」という形で、国家は自らを強化していく。そのことをわたしは「死の貯金箱」と呼びます。国家のために死んだ人間が多くなるほど、国家の力は強くなっていくのです。

カイヨワは、このような国家のあり方を、次のように述べています。

> 国家は徴兵制度により、死をともなうある特定の目的に向けて、全市民を完全に掌握するようになった。ここで国家は、支配者として登場することになる。それは、個人から私生活を奪い取り、命まで犠牲にすることを要求する。そして、衣食住の心配こそなけれ、国家によって完全に支配されたところの、新しい生活様式を個人に課してくる。（略）人はこの支配者からすべてを受けとることができるが、一方、いつかはこの支配者に対してすべてをさし出さねばならないのだ。（同前）

つまりはこれが「国民国家」ということです。そして国家の人びとに対する権利は、戦争との関係において、というよりまさに戦争によって全幅のものになります。

国家がおのれの権利を市民の生命財産により上位のものとして主張することができるのは、戦争の際においてであった。戦争は、社会集団の在り方を極度に社会化するための契機となる。戦争が聖なる力となるに至ったのは、このようにして、一人びとりの人間に対し最高度の犠牲を要求するためであった。（同前）

戦争が「平時」に対する「非常時」だとすると、「平時」にはそれほどでもなかった拘束が、「非常時」には人びとを統合し全体化する力として浮かび上がってきます。「聖なる力」については、ここではまだ触れませんが、近代国家とはすなわち「戦争をする国家」なのです。

付言すれば、日本は西洋型の近代国家をつくるために、江戸時代の幕藩体制*7から明治の中央集権体制に移行しました。それはウェストファリア体制による西洋の国家間秩序の下に入るためのプロセスでしたが、当初は正式メンバーとしては認められなかったのです。その表れが不平等条約[*8]で、条約改正には、一八五四年から一九一一年まで、実に五十年以上もかかっています。

その間に日本はどう変わったのかといえば、一八九四〜九五年の日清戦争によって台湾を獲得し、一九〇四〜〇五年の日露戦争によって朝鮮半島や南満州の権益[*9]を得て、一九一〇年には韓国を併合[*10]します。それによってようやく日本は西洋から対等な国家と認められ、国家間秩序のメンバー入りを果たしました。日本は対外戦争によって近代国家となったのです。

「全体戦争」

「国民国家」は、戦争の質を大きく変えました。改めて確認しておくと、戦争は封建社会の身分制に基づく、騎士階級主体の、限定された儀礼的な戦いではなくなった。カイヨワはこのことを重視しています。

とはいえ、封建時代の戦争がいつも儀礼的だったわけではないでしょう。例えば、八世紀にウマイヤ朝[*11]のイスラーム帝国（ヨーロッパ側の旧称はサラセン帝国[*12]）が西ヨーロッパに攻め入ってきたときなどは、命がけの激突だったはずです。「トゥール・ポワティエ間の戦い[*13]」（七三二）でヨーロッパ側が押し返して、イスラーム軍をピレネー山脈[14]の向こうに退かせましたが、これは西洋のキリスト教社会とは異なる、いわゆる「夷《い》狄《てき》」との戦いですから、同じような統治体制や習慣を持つ国家同士の戦争とは異なります。十一世紀から十三世紀にかけての十字軍遠征[15]もそうですが、異文化を持つ異民族との戦争はあくまでも例外で、アラブ世界の側からは、騎士道とはほど遠い無法な残忍さが伝えられています。カイヨワはその種の戦争を「帝国戦争」に分類するでしょう。

もちろん、同様の統治体制や習慣を持ち、共通の価値観を持ったキリスト教社会の中では、王家同士がそれぞれの地位と名誉をかけて、平民の生活とは別次元の（ただし平民を巻き込んでの）戦争を展開しました。そのやり方にはしきたりがあり、それを守らないと名誉を失います。戦争はそのルールによって限定され、抑制されていました。

ところが、近代国家の戦争は、この構造を根本的に変えてしまいます。どう変わるかというと、それは「全体戦争」（トータル・ウォー）になるのだとカイヨワはいいます。

戦争は、遊戯としての性格を捨て、規則通りに行なわれる儀式としての性格を失った。むかしの戦争は、一人びとりの戦いの総和にすぎなかった。そこには勇気と品位とがからみ合い、侮辱的な挑戦と立派な作法とが生まれ、傲慢と礼儀とが隣り合っていた。しかし、これらのものはすべて消滅してしまったのである。

全体戦争という言葉は、まず第一に、戦闘員の数が動員可能な成年男子の数に接近する、ということを意味する。第二にそれは、そこに使用される軍需品の量が、その交戦国の工業力を最大限に働かせたときの生産量と等しい、ということを意味する。

（第二部・第三章）

（同前）

そこでは、人も物も生産力もすべてを挙げての戦いになります。古典的な戦争では王家が主体ですから、傭兵を雇うにしても、王家の財政に制約されていました。ところが国民国家が主体になると、戦闘可能なすべての国民と、国家財政の枠いっぱいまでの資金を使うことができます。

傭兵が主力の軍隊では、傭兵は雇われているのですから、生きて帰り報酬を得なければ意味がありません。そうすると、ナポレオン戦争のときなど、命をかけて戦うフランス軍に敵うわけがないのです。ヘーゲルはナポレオンに「馬上の世界精神」*16を見て感嘆しましたが、ナポレオン支配下のベルリンでは、哲学者のフィヒテ*17が有名な『ドイツ国民に告ぐ』*18という連続講演（一八〇七年十二月～翌年三月）を行い、国民精神の自覚を促しました。それがドイツ・ナショナリズムの原点になります。精神的な面でも「国民戦争」の時代が始まり、兵士が命がけで戦うようになって、それが戦闘を苛烈なものにしていったわけです。

その頃、産業革命が起こります。産業革命とは、それまでの農業生産を基盤とする社会から、工業生産基盤の社会に変わり、産業経済のシステムが社会と人びとの生活を組織化するようになったことをいいます。そのシステムは、人間の土地との結びつきや、自然との関係も変えてしまいます。

自然は工業資源の貯蔵庫に変わり、人間は土地に縛られず、生まれた場所から離れて、都会に集まって暮らすようになる。人間も原料と同じように、工場のあるところに集まるのです。それは自然や土地からの解放でもあり、個人の自由の実現ともみなされました。個人はそれぞれの欲望に従って動くようになる。そうしてばらばらになった要素を工場と市場が結びつけ、配置していく。そのように組織化された社会に人びとは生きるようになります。それが近代の産業社会です。

多くの人は労働者として雇われ、賃金を得ないと生きていけない。そこで「失業」というものが、歴史上初めて大きな問題になります。言い換えれば「雇用」が人びとの社会への統合に欠かせない入口になるのです。ただし、そこには雇用する側とされる側があります。こうして、かつての身分制に代わって階級関係が現れる。産業革命以降に起こった社会の変化とは、そのようなものです。

ばらばらになった個人を結びつけるのは、新聞やうわさ話などのメディアです。コミュニティという共生の場がなくなり、共有される情報が人びとの交流の場になり素材になる。ただしその場はナショナルな範囲のものです。たとえばフランスのメディアはフランス語で、フランス人に情報や娯楽を提供します。だからそれは必然的にドメスティックな、国内的なものになります。それがフランス人という同質性の帰属意識をつくるのです。ばらばらになった個人には、それがアイデンティティのよりどころになって、「国民」という共通意識の、言い換えればナショナリズムの温床となります。

そんな社会構造の変化をベースとして、物が大量に生産されるようになる。また技術革新によって、産業経済は拡張していきます。それはみんなが物を欲しがり、儲けたがるという個人の欲望を動因としつつ、同時にそれを煽りもします。新しい物をつくり、それを売って、消費してもらわないといけない。そのための技術革新を通して、武器の性能と破壊力も向上していきます。

マスケット銃は、十五世紀には火縄銃だったのが、十七世紀後半に燧石式《すいせき》[*19]になり、十九世紀には雷管式[*20]になって発火の利便性が高まります。そして銃身に旋条をつけた、より精度の高いライフル銃に取って代わられる。ナポレオン戦争の時代には銃剣でしたが、しばらくすると連発銃が生まれ、それから機関銃がつくられるようになります。

連発銃の出現により、射撃の間隔はさらに縮められた。機関銃が用いられるようになると、歩兵の戦術は根本からくつがえされた。同時に射撃の精度と射程は、鉄鋼生産の進歩と火薬科学の進歩とによって、さらに増大した。（同前）

技術革新はそのように兵器の殺傷力を高めますが、その兵器が産業システムによって大量生産され、すぐに流通するようになります。それを「文明の進歩」というとしたら、それは殺戮能力の向上でもあったわけです。そのことの矛盾は、一八六六年にダイナマイト*21を発明したアルフレッド・ノーベル*22のエピソードに象徴されています。戦場を一変させたこの兵器の開発者は、戦争の時代を通して巨額の富を築きました。晩年のノーベルは、兄の死を自分と取り違えて報道した新聞に「死の商人、死す」と書かれていたことにショックを受けます。そして死後の声望を気にするばかりに、平和のために貢献することをアピールし、科学技術増進と文化の振興のためにと、莫大な財産の一部を基金とした「ノーベル賞」創設を遺言しました。

さて、産業社会における絶えざる技術革新によって、兵器の進化は加速します。大砲も大型になり、自動車が開発されると、すぐに装甲車や戦車ができます。二十世紀にはそれに飛行機が加わり、毒ガスのような化学兵器、また細菌やウイルスによる生物兵器も開発されます。科学技術の進歩が、こうして破壊力・殺傷力を天井知らずに増していき、大量殺戮の可能性が拡がっていきます。

この科学技術の進歩は、近代国家の主導のもとに推進されるようになりました。この面でも、カイヨワが強調するように、国家こそが戦争の「全体化」を可能にしたということができるでしょう。

十九世紀の戦争はヨーロッパ以外が舞台に

十九世紀初頭、ヨーロッパ全土に広がったナポレオン戦争のあと、一八五三〜五六年のクリミア戦争[*23]、一八六六年の普墺戦争[*24]、一八七〇〜七一年の普仏戦争[*25]などがありましたが、それはあくまで限定されたもので、戦争の形態にさほどの変化は見られなかったとカイヨワはいいます。

一九世紀は（略）その全体を通じて戦争の時代だったというわけではない。（略）

これらの戦争は、フランス革命や帝政時代の戦争と、ほとんど異なるものではなかった。（略）戦争のなかで軍需資財の果たす役割は、まだ大きなものではなかった。これが大きな役割を果たすようになるのは、工業がもっともっと発達してからのことである。新兵器もあまり用いられなかった。

（第二部・第三章）

この頃は、ウェストファリア体制をもとにした国民国家化が進み、国家間の外交駆け引きが活発になるとともに、産業革命による社会構造の大きな変化によって、それぞれの国内態勢の整備や再組織化が大きな課題となっていました。

産業化による都市化、交通手段の発達、個人の自由をもとにした社会意識の変化があり、とりわけ社会の産業的組織化が階級分化を引き起こしたことで、国内に分裂が起きていたのです。ヨーロッパ各国とくに先進国は、そちらの対策に手一杯の状況になります。そこで彼らはヨーロッパの内部での争いを避け、むしろ海外への進出によって問題を解消しようとします。産業発展のための原料供給地や製品消費地としての市場を、ヨーロッパ以外の海外に求めて拡大するのです。

いわゆる植民地支配の展開ですが、それによってイギリスやフランスは世界中に領土を持つ世界帝国になります。それはかつてのスペイン、ポルトガルによる世界展開の時代から、英仏の時代への交代を意味しました。ですからその時代、戦争の主な舞台はヨーロッパから、アメリカ大陸やアフリカ、アジアへと移っていきました。

アメリカでは、十八世紀後半（一七七五〜八三）に独立戦争[*26]があり、東部十三州がアメリカ合州国としてイギリスから独立すると、英仏と争いながら十九世紀初頭にはアパラチア山脈の西側まで領土を広げました。その先はずっと、先住民から土地を奪う「インディアン戦争」です。これが「戦争」として歴史に記録されないのは、相手が国家ではないからでしょう。この戦争は「野盗」相手の治安活動のようにして騎兵隊によって行われます。それは「西漸運動《せいぜん》」と呼ばれていますが、その延長で起こったのがメキシコとの米墨戦争[*27]（一八四六〜四八）でした。また、奴隷制をめぐって南北戦争[*28]（一八六一〜六五）が起こり、領土が太平洋まで届くようになって、イギリスを凌ぐ工業国になると、合州国はただちに海外進出を始めて、スペインとの米西戦争[*29]（一八九八）、フィリピンとの米比戦争[*30]（一八九九〜一九〇二）を起こします。また同じく十九世紀には、アメリカ独立に続いて、中南米でもほとんどの植民地がスペインと争って独立しました。ただ、その戦争は当然、ヨーロッパ内部で起こる国家間戦争とは性格が異なります。

一方、英仏によるアフリカやアジアの植民地化は、また違う性格を持っていました。ヨーロッパ人にとって、当時のアフリカやアジアの人間は「文明人」とはみなされませんから、対等の相手ではありません。このときには、英仏の帝国が地球上を覆うという状況になり、大英帝国は自らを「日が沈まない国」と誇っていたのです。この時代に、日本も明治維新を経て西洋主導の主権国家秩序に入ってゆくことになりました。

普仏戦争後の一八七一年、日本の明治維新と同時期に、ドイツが統一国家になります。また、ロシアもしだいに産業化していく。そうすると、英仏などの先行した国と、ドイツやロシアなど後発国との利害の対立が目立ってきます。イギリスは、中央アジアに進出したロシアが英領インドに勢力を伸ばすことを警戒して、十九世紀、アフガニスタンをめぐって戦争を繰り広げました。またバルカン半島では、オスマン帝国の弱体化に伴い、南下政策をとるロシアとオーストリア＝ハンガリー帝国[*31]との対立が深刻化し、政情が不安定になっていきます。

さらに、アフリカの利権をめぐって、ヨーロッパの後発国であるドイツ・イタリア・ベルギーと、イギリス・フランスとの対立や衝突が激しくなります。それを調整するために、一八八四〜八五年、ドイツのビスマルク首相[*32]の提唱によりベルリン会議[*33]が開かれ、西洋列強による「アフリカ分割[*34]」が決定されました。アフリカの国境線の一部がいまも直線が多いのは、そのときのヨーロッパ諸国が机上の地図に線を引いて分割した結果です。アフリカ諸国は独立後の現在もその結果に縛られているのです。

「世界戦争」の勃発——第一次〜第二次世界大戦

そして一九一四年、バルカン半島のサラエボに響いた一発の銃声[*35]から、ヨーロッパに戦火が戻ってきます。ヨーロッパ諸国間の「勢力均衡」のための各国間の同盟がそのまま導火線となって、オーストリア＝ハンガリーとセルビアの間に起こった戦争は、一気にヨーロッパ全体を巻き込む大戦争になりました。英仏露を中心とする連合国側と、独墺を中心とする中央同盟国側の戦いです。

いわゆる第一次世界大戦（一九一四〜一八）の始まりですが、ウェストファリア体制の破綻ともいえるこの戦争はまた、ヨーロッパを巻き込んだ三十年戦争の再来のようでもありました。当初は単にGreat War（大戦争）と呼ばれましたが、この頃はアメリカ大陸やアジアの一部を除く地球上のほとんどがヨーロッパ諸国の支配下にありましたから、ヨーロッパ全体が戦争になったということは、世界が戦争になったことを意味します。それでこの戦争をWorld Warすなわち「世界戦争」と呼ぶようになるのです。

当初各国は短期決戦で作戦を終えるつもりだったようですが、そうはいかず、戦線は拡大し互いに塹壕《ざんごう》を掘っての持久戦となって、膠着《こうちゃく》状態が続くことになります。そこに、先に述べたような機関銃や爆弾、戦車といった最新兵器、そして飛行機が投入され、終結近くには毒ガスも使用されました。それでも膠着した塹壕戦は引くに引けない戦いになり、大量の死者が出ます。

一九一四年、戦争はこのようなものと思われていた。それは〈不動のなかの痙攣〉であり、〈筋肉と筋肉とがぶつかり合って生まれた緊張〉であった。一つの国民がその総力を鋼鉄と殺力にかえ、それをもってぶつかってくる時には、果てしなくつづく戦線をはさんで相手方の国民も、その全資源と全人力を投入してつくった堅固なまた殺人的な防塞をもって、これを受けとめたのである。このような戦闘に投入される兵員は、百万を単位として数えねばならぬとさえいわれた。（略）一人一人の兵士はそのなかに呑みこまれ、見分けのつかぬものとなってしまった。

（第二部・第三章）

そして、いくつかの国家の崩壊によって、この戦争は終わりを迎えます。ロシアでは一九一七年二月に革命[*36]が起こり、帝政が崩壊しました。ドイツ帝国[*37]も一九一八年十一月に革命によって崩壊し、皇帝が国を追われます。またオーストリア＝ハンガリー帝国、オスマン帝国[*38]もやがて崩壊。ドイツの将軍だったルーデンドルフ[*39]は、戦後の一九三五年にこの戦争を「総力戦[*40]」と呼んで総括しました。この「総力戦」が、つまりカイヨワのいう「全体戦争」のことです。国力のすべてを挙げて戦争に注ぎ込む、戦争の「全体化」が、このときついに現実のものとなったのです。

戦禍はヨーロッパ中におよび、兵員九百万人以上、市民七百万人以上の死者を出しました。負傷者・行方不明者も夥しい数にのぼります。一九一九年のパリ講和会議[*41]後、連合国とドイツとの講和条約であるヴェルサイユ条約[*42]が発効する一九二〇年一月には、同条約に基づき、戦争の抑止を求めて国際連盟[*43]という機関が設立されます。各国間の軍縮会議や不戦条約も試みられました。初めて戦争を災厄とみなし、それを避けようという機運が生まれたのです。

しかしその試みは、結局はうまくいきませんでした。なぜかといえば、この大戦争がヨーロッパ文明の力学の中から起こったという根本原因が追究されず、戦勝国が自国の権益のみに固執して、争いの原因に対応しなかったからです。ヴェルサイユ条約では、敗戦国ドイツに一方的に多額の賠償金を負わせるなどして、逆にドイツ側に恨みと復讐心を植えつけることになりました。また、戦争終結から十年後の一九二九年には、世界経済を牽引していると自負していたアメリカで大恐慌が起こり、ヨーロッパ各国もその波を受けて経済危機に陥ります。それにより、市場獲得や生存圏の確保などという理由から、再び戦争に向かう状況になっていきます。

各国はしだいに「総力戦」への準備を進めるようになります。国家・国民の総力を挙げて、人びとの気持ちも戦争に向けて組織化していく中で、果たして一九三九年に起こったのが第二次世界大戦でした。

第一次大戦終結からわずか二十一年後に、ドイツ軍のポーランド侵攻を機に、再び世界中を巻き込む戦争が勃発したのです。日本はその二年後に対英米戦争に入りますが、すでに一九三一年以来、中国大陸で事実上の戦争を続けていました。こうして世界中が同じ一つの戦争を経験することになったのです。

二度にわたったこの大戦争は、まさに「世界戦争」というべきでしょう。国家間の戦争が地理的に世界に広がっただけでなく、どの地域でも人びとの生活全体が、挙げて一つの戦争に呑み込まれたからです。いまわたしたちは歴史学に倣ってこれを「第一次世界大戦」「第二次世界大戦」と呼びます。それを、戦争が国家間を超えて世界化した「世界戦争」の二つの波と考えることもできます。そして、第一次世界大戦が「やってみて分かった世界戦争」だったとすれば、第二次世界大戦は各国が「それと分かって準備した世界戦争」だったのです。

無名戦士の墓――「全体戦争」という「洗礼」

第二次世界大戦は、死者数だけでも兵員・市民を合わせて五千万人以上とされ、もはやどんな限定もつかない「全体戦争」として世界を呑み込みました。わたしは二十世紀の戦争を、ウェストファリア体制の拡大によりヨーロッパの戦争が世界化して「世界戦争」となった、歴史の圧倒的な画期であると見ていますが、カイヨワはそれを人類による「全体戦争」の実現として捉え、その戦争の経験を総括するのです。

とりわけ本書におけるカイヨワの意図は、戦争が人間の心と精神をいかに変えたかという点にありました。ですから、考察の重点は、戦争の「全体化」の内にある人びとの、心理的・精神的状況に置かれています。

カイヨワが着目するのは、「全体戦争」において、古典的な戦争との完全な逆転が起きている点です。もはやいかなる意味においても、戦争における英雄譚や誰かの勲功《いさおし》といったことが語り得なくなり、むしろ無名のまま、国家の礎として虫けらのように死ぬことこそが人びとの「栄光」になったという点です。

このような諸条件のなかで英雄とされるのは、もはや武勇をもってその名を轟かせた者のことではない。それは無名の兵士、いいかえれば、自分を無にすることをよく為し得た者、彼がどこにいたのか探し求めてもその痕跡さえないような者、をいうのである。

（第二部・第三章）

第一次世界大戦の各地のモニュメントが英雄の碑ではなく「無名戦士の墓[*44]」であることは、よく知られています。多くの無名の人たちが国家に尽くし、その礎となったことの記念です。先にわたしが、国家は「死の貯金箱」である、といったのはそのことです。

何の目立つところもなく、生きては長蛇の兵列のなかにあって、見分けることもできない一兵士にとどまり、死しては死肉の山のなかに見分けもつかぬ肉片となったこれら無名兵士の栄光は、武功に対して与えられたあらゆる名誉や、世にも稀れなる諸徳に与えられたあらゆる名誉にもまして、光り輝くものであった。

（同前）

「全体戦争」において兵士は、大量に消費される砲弾と同じように使い捨てられ、大量に死んでいきます。どんなに勇気や技術を持ち、肉体が屈強であっても、銃弾を受け、砲弾の炸裂に遭えば、何の抵抗もできずに肉片と化してしまう。その意味では、産業技術時代の戦闘はきわめて無慈悲で没個性的なものなのです。

軍の組織化という点でも同じで、第二次世界大戦時に、日本軍が行ったインパール作戦[*45]などでは、無茶な作戦の遂行に対して兵士は反抗もできず、反抗などしようものなら規律違反で処刑されてしまう。であれば、それを自分の運命として受け入れ、泥の中を這い、うじ虫にまぎれて死んでいかざるを得ないのです。そこでは国家の勝利だけが、あるいは軍の「栄誉」だけが目的になるのです。

それでも、兵員を戦わせるためには誇りを与えなければなりません。そこで戦争は、個々の人間の武勲や功績を称えることから、国家のために名もなく死ぬことを栄光とする方向へ舵を切ります。その転換について、カイヨワはこう表現します。

戦争がこのような洗礼的意義をもつようになったのは、戦争が非人間的なものとなったときであった。

（第二部・第一章）

「洗礼的」という言葉に注目してください。ヨーロッパのキリスト教的伝統においては、「洗礼」といえば神の世界に迎え入れる儀式です。ですから、これは宗教的な変身の儀礼ですが、カイヨワは戦争がそういう意義を持つに至ったといいます。つまり「戦争が非人間的なものとなったとき」、人間は通常のダメな人間の境地から抜け出て、別の世界に入るというのです。これは倒錯した言い方とも思えますが、先ほど述べたような逆転が起こり、人間と戦争との関係が根本的に変質したということです。

この状況は、第一次世界大戦で「総力戦」すなわち「全体戦争」を経験して初めて分かったことです。次にあらゆる国が「総力戦」体制で再び戦争に向かうときに、特に後発の国々は、いわゆる「全体主義」の国家としてそれに臨みました。全体主義においては、国民がただ受け身で動員されるのではなく、進んで国家に同一化し、戦争に身を挺していく状況がつくられます。日本の例でいえば、「死んで靖国へ行く」という精神の状況です。そのことをカイヨワは、こう述べます。

全体主義体制が生まれるに至って、戦争は現実に国民の宿命となってしまった。ひとたびこうなってしまうと、戦争は国民のために行なわれるのではなく国民が戦争に奉仕するのだ、というような言葉は、もはや単なる哲学的なテーゼではありえない。（略）国家は、批判や反対をする余地を少しも与えず、身を引くことはおろか、消極的な態度をとることさえも許さない。（略）このような体制の力となっているのは狂信と時計仕掛けのような組織とであって、これこそが、近代戦にその固有の性格を与えているところのもの、すなわち、熱情と組織である。
（第二部・第五章）

ここにもまた、普通の考え方に対する逆説が提示されています。近代的に進歩していく産業技術文明からの逸脱として、このような状況が生まれるわけではなく、かといって合理的な知性から生まれたわけでもない。「狂信」あるいは「熱情」と、「時計仕掛けのような組織」とが、相反するものではなく、相伴っているというのです。宗教と合理性とはもはや矛盾したものではなくなる、といってもいいでしょう。

そのように考えると、先ほど「洗礼」という言葉が出てきたように、カイヨワが近代戦争の中に宗教的要素を見ていることが分かります。

戦争は災厄ではない。むしろ祝福なのである。〈永遠の青春の泉。新しい世代は、絶えずそこから新しい力を汲みとるのだ〉。
（略）戦争のうちには新しいものを生む力があるというテーマ、戦争を真実の試金石あるいは人類固有の使命の印しとする考え方、これらはこうして信仰個条となってしまった。世論がこれに対して抵抗をしても、それはこれを信ずる少数の人びとに、かえって何らかの威光を与えることにしかならない。これら少数の人びとはこの信仰に挺身することのなかに、脅かされている自己の特権の正当化を求めるのである。（同前）

ここでカイヨワは、「信仰」や「これを信ずる少数の人びと」といった宗教的な用語を使っています。それは、本書の中心テーマとなる、戦争と「聖なるもの」につながっていきます。

「聖なるもの」は、キリスト教社会から生まれてきた近代合理主義のヨーロッパが、初めはその外部に見出した、非合理でよく分からない現象です。キリスト教の一つの特徴は「信仰」で、主体的に神を信じることが、神と個人とが向き合う「個」の意識にもつながるのですが、祭りや儀礼などのベースにある「聖なるもの」は、個人が神を信じることとは異質です。ある魔力を持ったものに、人びとが魅惑され、あるいは畏れて、そのまわりに混沌の社会が形成されるという、そんな現象です。ところが、それはキリスト教とも通底する人間社会に普遍的な現象なのではないかと、カイヨワは考えました。「聖なるもの」を既成の宗教現象の核心にある、あるいはそれすら融解する、超越的な宗教形態と捉える。そのこととのつながりで、この「全体戦争」の中で起こる人びとの心理に関わる非合理な現象を、カイヨワはしだいに宗教的な用語で語っていくのです。

そこでわたしたちがもう一つ思い浮かべるのは、カイヨワはあまり語っていないことですが、そうした人びとの心理、つまり「狂信」や「熱情」と「時計仕掛けのような組織」を結びつけ、支えるものは、いまでは古い共同体の意識や感情ではなく、メディアによるコミュニケーションだということです。とりわけ、全体主義国家において人びとの感情を動かすエモーショナルな表現として想起されるのは、ドイツのレニ・リーフェンシュタール[*46]がヒトラーの依頼で撮った、ニュルンベルクのナチス党大会の記録映画[*47]（『信念の勝利』一九三三、『意志の勝利』三四、『自由の日』三五）や、一九三六年のベルリン・オリンピックを撮影した映画『オリンピア』[*48]（第一部「民族の祭典」・第二部「美の祭典」、一九三八）でしょう。

二十世紀には新しい表象芸術として映画が登場し、人びとを一気に魅惑します。その草創期には、アメリカのD・W・グリフィス監督[*49]による『国民の創生』[*50]（一九一五）のような、「国民国家」を主題に掲げる映画もつくられました。ことにリーフェンシュタールの『オリンピア』は、オリンピックのスペクタクルを通じて、国民の精神と肉体の表現を見事に演出しています。当時の「全体戦争」の状況を、生きている肉体と、国家という幻想制度のダイレクトな結びつきとして成り立たせたのが、そうして記録され流布された映像というメディアだったということがよく分かります。ある意味では非常に優れた表現ともいえるこの映像は、その時代の雰囲気を文字通り体現しているといえるのではないでしょうか。

カイヨワの論点の肝となる部分を整理しておきましょう。近代の社会では、人間が個々ばらばらに「俺は」「わたしは」という風に存在している。しかしそのようにしながら、実はまとまった集団を形成しているのです。そのつながりを何が支えているかというと、基本的には言葉です。そしてその言葉がどのように作用し、どのようにつながりを構成するかという、それぞれの想像世界を介して人びとは生きている。そうした言語と想像世界の全体が国家に統合されていくと、あらゆる人間が「国民」という共通項で結ばれ、国家によって逆に造形されていく。その統合の力が剝き出しになり、最強の形で現れるのが、「全体戦争」なのです。

そこでは戦争は個々の人間の意志を超え、あたかも「聖なるもの」のように、恐怖と魅惑の中に人間を呑み込んでしまう。そのように、個々の人間にとっての戦争の現れ方が、「世界戦争」の時代にまったく変わったということを、カイヨワは強調しているのだと思います。

＊1　ヘーゲル

ゲオルグ・W・F・ヘーゲル、一七七〇〜一八三一。ドイツ観念論の大成者。その哲学体系は、理念の学としての論理学、疎外された理念の学としての自然哲学、自己喪失から自己へと帰る学としての精神哲学に分かれ、自然・精神・歴史の不断の運動の内的関連を明らかにしようとした。著書に『精神現象学』『歴史哲学』など。

＊2　アレクサンドル・コジェーヴ

一九〇二〜六八。ロシア生まれ、フランスの哲学者。モスクワのブルジョワ階級出身。二〇年ソ連を去り、ドイツ・ハイデルベルク大学でヤスパースに学ぶ。二八年フランス移住。三四〜三九年、パリの高等研究学院でヘーゲル『精神現象学』を講義。ジャック・ラカン、メルロー＝ポンティ、レイモン・アロンらも聴講していた。

＊3　『精神現象学』

一八〇七年『学の体系・第一部、精神現象学』として刊行（第二部は書かれなかった）。最も直接的な〈感覚的確信〉から出発し、〈真実の知〉に至るまでの「意識の旅」ともいうべき構成と、素朴な〈自然的意識〉が〈自己意識〉〈理性〉〈精神〉〈宗教〉と経験を重ねながら段階を上り、究極の真理である〈絶対知〉へと成長していく「意識の教養物語」ともいうべき構想で書かれた書。

＊4　パトリオティズム

一般に「愛郷心」と訳されるような狭い範囲の愛着を指し、より広い国家への忠誠心をナショナリズムという。前者は自然的なつながりを元にしているが、後者は国家、国民といった制度的つながりを軸にしている。

＊5　スパルタ

アテネと並ぶ古代ギリシアの有力なポリス（都

市国家）。ペロポネソス半島に侵入したドーリア人が建国。市民を職業的戦士に育てる教育体制の推進により前六世紀頃には強国に成長。前四世紀、テーベに敗れて以後、衰退。

＊6　テルモピュライの戦い

クセルクセス王直率で来襲した百七十万人（ヘロドトス『歴史』）ものペルシアの大軍を一千名のギリシア軍（スパルタ軍三百ほか）が迎え撃った中部ギリシアの激戦。防衛線は破れ、スパルタ王レオニダスはじめ麾下（きか）の将兵全員が戦死した。

＊7　幕藩体制

中央政権である幕府（将軍の行政機構）と、その支配・統制下にある地方の藩（大名の行政機構）で、全国を統治する政治体制。〈兵農分離〉による身分制支配と、〈石高制〉に基づき領主（幕府・藩）が農民から年貢を収奪する制度に基礎を置く。

＊8　不平等条約

近代において自由貿易の利益を最大限に引き出すために、主として欧米列強がアジアの国家に押しつけた条約。日本は、幕末に結んだ「日米和親条約」（一八五四）で「片務的最恵国待遇」を認め、「安政の五か国条約」（五八。対米・蘭・露・英・仏）でさらに「領事裁判権」を認め、「関税自主権」を喪失した。

＊9　権益

日露戦争講和のための「ポーツマス条約」（一九〇五）の主な内容。①朝鮮における日本の権益（指導・保護・監理の権利）の承認、②長春―旅順間の鉄道の日本への譲渡、③北緯五〇度以南の樺太の日本への割譲、など。

＊10　韓国を併合

朝鮮支配をめぐって日清・日露戦争を戦い、三次にわたる日韓条約によりしだいに韓国支配を強めた日本が、一九一〇年八月締結の「韓国併合に関する条約」により、朝鮮（当時の国号は「大韓帝国」）を名実ともに自国の領土（植民地）にしたこと。

＊11　ウマイヤ朝

ウマイヤ家出身のムアーウィアが、ダマスカスを主都として樹立した史上初のイスラーム王朝（六六一～七五〇）。アラブ人中心の国家のため、「アラブ帝国」ともいう。アッバース朝（預言者ムハンマドの一族）によって滅ぼされた。

＊12　サラセン帝国

サラセンはもと古代ローマ人がシリア砂漠の遊牧民を指して用いた呼称。中世ヨーロッパではイスラーム教徒の総称となった。特に七世紀以降アラビア半島に興ったイスラーム帝国を、こう通称した。

＊13　トゥール・ポワティエ間の戦い

イベリア半島から侵入してきたウマイヤ朝のイスラーム勢力を、宮宰カール・マルテル率いるフランク王国軍がトゥールとポワティエ（いずれも現在のフランス中西部の都市）の間で撃退した戦い。

＊14　ピレネー山脈

イベリア半島の付け根を地中海から大西洋まで東西約四四〇キロにわたって続く山脈。現在のフランスとスペインの国境をなしている。

＊15　十字軍遠征

ヨーロッパ諸国のキリスト教徒の軍が、キリスト教発祥の地パレスチナをイスラーム教徒から解放することを目的として行った遠征。およそ八回にわたり神聖ローマ皇帝やフランス国王らが直接率いて遠征したが、当初の目的は果たせなかった。

＊16　馬上の世界精神

一八〇六年十月十三日、イエーナ大学で教職についていたヘーゲルは、市中で皇帝ナポレオンを目撃し、友人宛ての手紙にこう書いた。「皇帝——この世界精神——が馬に乗って町を視察しているのを見た。精神を集中して馬上から世界を眺め渡し、世界を支配するさまを見るのは、実にすばらしい気分だ」。

＊17 フィヒテ
ヨハン・ゴットリープ・フィヒテ（一七六二〜一八一四）。ドイツ観念論の哲学者。カントに傾倒。カントでは十分に統一されていなかった理論と実践、自然認識と道徳を、〈自我〉の根元的な能動性を第一原理として統一しようとした。著書に『全知識学の基礎』など。

＊18 『ドイツ国民に告ぐ』
ナポレオン軍支配下のベルリンで、〈新しい世界の真の所有者がだれであるかを示し、その世界の姿を示し、その世界を生み出すための手段を述べる目的〉で行われた講演。フィヒテはここで、フランス文化に対するドイツ国民文化の優秀さを説き、これを国民全体に広めて国民精神を涵養することがドイツ再興の道であると主張した。

＊19 燧石式
燧発式とも。十七世紀フランスで開発された点火方式。火縄のかわりに非常に硬い岩石〈燧石〉を用い、これを鉄に打ちつけることで放たれる火花により点火する。

＊20 雷管式
十九世紀初頭に開発された点火方式。撃鉄が雷管（起爆薬を詰めた真鍮・銅製の皿型の部品）をたたくと衝撃で発火し、それが火門を通って銃身に伝わり、弾丸発射用の装薬に点火する。

＊21 ダイナマイト
ニトログリセリンを基材とした爆薬。ノーベルは、爆発しやすく取り扱いの不便な液状ニトロ

グリセリンをケイ藻土にしみ込ませることにより、安定して扱える固形爆弾とすることに成功、これをダイナマイト〈力〉を意味するギリシア語 dynamis に由来）と名づけた。

＊22　アルフレッド・ノーベル

一八三三〜九六。スウェーデンの化学技術者・事業家。ロシア、フランス、アメリカで化学を学び、帰国してニトログリセリン製造工場を始める。ダイナマイト発明後は世界各地で爆薬工場を経営して財をなした。その遺産を基金としてノーベル賞が創設された。

＊23　クリミア戦争

南下政策を取り続ける帝政ロシアとイギリス・フランス・トルコ連合との間の戦争。名称は主戦場となったクリミア半島の名から。パリ講和会議で、黒海の中立化・ロシアの南ベッサラビアの放棄、トルコ支配地域へのロシアの不干渉などが定められ、ロシアの南下政策は阻止された。

＊24　普墺戦争

ドイツ統一の主導権をめぐって、プロイセン（日本での当て字「普魯西」）とオーストリア（「墺地利」）が戦った戦争。首相ビスマルクと参謀総長モルトケの手腕もあって、わずか七週間でプロイセンが大勝、オーストリアを除外してのドイツ統一の道筋が決定した。

＊25　普仏戦争

普墺戦争に勝利してドイツ統一をめざすプロイセンと、ドイツの強大化を阻もうとするフランスの戦争。プロイセン軍が圧倒的に強く、一八七〇年九月、ナポレオン三世は降伏・廃位。七一年一月「ドイツ帝国」が成立した。

＊26　アメリカ独立戦争

イギリス領北アメリカの十三植民地が連合して本国と戦い、分離・独立を達成した戦争。それに続く、新国家形成、共和制確立など一連の経過をふくめて「独立革命」ともいう。

＊27　米墨戦争
アメリカ合州国が、西漸運動（東部大西洋から西方地域への絶え間ない人口の移動。多くの場合、先住民の排除を伴った）の過程でメキシコ（墨西哥）を挑発して開戦。敗れたメキシコは、テキサスを放棄、ニューメキシコとカリフォルニアをアメリカに譲渡した。

＊28　南北戦争
一八六〇年奴隷制に反対するリンカーンが大統領に当選したのを機に、奴隷制存続を主張する「南部」諸州が合州国を離脱し、南部連合を結成。これを認めない「北部」州と対立が高まり、米史上最大の内乱「南北戦争」が起こった。両軍合わせて六十万人以上が戦死した戦いは、南軍の降伏で終結。

＊29　米西戦争
アメリカ合州国がスペイン領キューバの独立戦争に介入してスペインと戦った戦争。四か月でアメリカが勝利。これにより、スペインはキューバを放棄、フィリピン・グアム・プエルトリコをアメリカに割譲した。

＊30　米比戦争
米西戦争終結後、アメリカ合州国とフィリピン革命政府が戦った戦争。米西戦争中の独立革命支持から一転してフィリピンを植民地支配しようとの動きを見せたアメリカに、革命政府が反発して開戦。正規の戦闘が終結して以降も、長く反米ゲリラ戦が続いた。

＊31　オーストリア＝ハンガリー帝国
一八六七〜一九一八の間存在した二重帝国。普墺戦争敗北後のオーストリアが、帝国内で最大の民族であるマジャール人にハンガリー王国の建設を許し、オーストリア皇帝がハンガリー皇

帝を兼ねることで成立。第一次世界大戦の敗北で崩壊した。

＊32　ビスマルク

一八一五〜九七。ドイツの政治家。六二年、プロイセン首相となり、その後、普墺戦争・普仏戦争を戦って勝利、ドイツ統一を実現した。

＊33　ベルリン会議

一八八四〜八五年、イギリス・ドイツ・フランス・イタリア・アメリカなど欧米列強十四か国が参加してベルリンで開催された、〈アフリカ分割〉に関する会議。「その地域の実効支配」「その地域に対する先占権」などのアフリカ分割の大原則を定め、既得権益を調整したうえで国際的に承認するなどとするベルリン条約を締結。

＊34　アフリカ分割

十九世紀末〜二十世紀初頭に展開された、ヨーロッパ列強のアフリカ進出と植民地化。それを加速させたのはベルリン会議で、以後二十年の間に、東のエチオピア、西のリベリアを除く全アフリカは、列強により分割・植民地化された。

＊35　一発の銃声

一九一四年六月二十八日、オーストリア（ハプスブルク帝国）の皇位継承者フランツ・フェルディナント大公夫妻が、ボスニアの州都サラエボで〈一発の銃声〉により暗殺された。実行犯はハプスブルク帝国による支配からボスニア解放をめざす「青年ボスニア」のメンバーのセルビア人青年だったため、背後で糸を引いているのはセルビアと判断したオーストリア＝ハンガリー帝国はセルビアに宣戦布告。これをきっかけに第一次世界大戦が勃発した。

＊36　革命

二十世紀初頭の帝政ロシアに起こった一連の革命を「ロシア革命」と総称する。帝政を倒したのは二番目に起きた「二月革命」（一九一七年二月)。首都ペトログラードでの労働者・市民と軍隊・警察の衝突が兵士の反乱に発展。形成されたソビエトの支持で臨時政府が成立、帝政は倒れた。

＊37　ドイツ帝国
ビスマルクの強腕で一八七一年に成立した「ドイツ帝国」は、第一次世界大戦末期の一九一八年十一月に起きた「ドイツ革命」によって崩壊した。革命を指導した社会民主党の共和国宣言を受け、前皇帝ウィルヘルム二世はオランダに亡命した。

＊38　オスマン帝国
トルコ族の一首長オスマンを始祖とするオスマン朝から発展したイスラーム帝国(一二九九〜一九二二)。十五世紀にビザンティン帝国を滅ぼしてイスタンブールを首都とし、十七世紀には〈東はイラン国境から西はウィーン近く〉までの大帝国となった。第一次世界大戦に敗れて消滅。

＊39　ルーデンドルフ
エーリヒ・ルーデンドルフ(一八六五〜一九三七)。第一次世界大戦で実質的な参謀総長として総力戦体制の確立につとめた。戦後は国粋主義者として、反ワイマール共和国のクーデターやヒトラーらによる極右クーデター(ミュンヘン一揆・一九二三)にも参加した。

＊40　総力戦
軍事力だけでなく、国民・資源・生産力のすべてを動員して戦われる戦争。ルーデンドルフは、以後の戦争は〈国民皆兵主義の徹底化による兵力の大量動員を前提とし、重工業の発達と技術の飛躍的進歩を基盤とする近代兵器の大量生産、大量使用を必然化する〉とした(『国家総力戦』一九三五)。

＊41　パリ講和会議
第一次世界大戦の戦後処理のため、一九一九年一〜六月パリで開かれた国際会議。敗戦国の出席を許さず、戦勝国（連合国）で開催。重要な問題は五大国（米・英・仏・伊・日）で構成する最高会議で決定した。

＊42　ヴェルサイユ条約
一九一九年六月二十八日、ヴェルサイユ宮殿で連合国（三十か国）とドイツの間に結ばれた講和条約。ドイツに対し、領土割譲、ライン川左岸の非武装化、海外植民地の放棄、巨額の賠償などを課した。三六年、ナチスドイツはライン川左岸を武装化し、一方的に条約を破棄する。

＊43　国際連盟
ヴェルサイユ条約（第一編〔第一〜二十六条〕が「連盟規約」になっている）に基づき創設された史上初の国際平和機構。国際平和の維持と多方面にわたる国際協力を目的とし、紛争処理手続や主権侵犯国に対する制裁行動などを規定した。

＊44　無名戦士の墓
元来は、戦場に残された身元不明の兵士をその場に埋葬した素朴な墓を指した。大きな〈慰霊碑〉や、整然たる〈白い十字架群〉などには、鎮魂だけでなく、国家や義務に殉じたことへの儀礼的敬意が加わることが多い。

＊45　インパール作戦
太平洋戦争中の一九四四年三〜七月に実施された日本軍のインド侵攻作戦。牟田口廉也中将指揮下の第十五軍がビルマ（現ミャンマー）から英軍の拠点、東インドのインパールを攻略しようと進軍したが、戦闘能力の過信、食糧の欠乏、装備の貧弱さから大敗。悲惨な退却戦で参加十万人のうち三万人が死亡、四万人の傷病兵が出たとされる。

＊46　レニ・リーフェンシュタール

一九〇二〜二〇〇三。ドイツの女性映画監督・舞踏家・女優。神秘的な山の娘ユンタの水晶の山をめぐる生と死を描いた映画『青の光』（一九三二）を初監督。同年、ヒトラーに手紙を書き、面会。権力獲得後に映画製作せよとのヒトラーの言に従って、監督した党大会三部作、『オリンピア』二部作はドキュメンタリー映画の金字塔となる。第二次世界大戦後四年間、収容所生活を送る。

＊47　ナチス党大会の記録映画

●『信念の勝利』（一九三三）。政権獲得後、ニュルンベルクで最初に開かれた党大会の記録映画。ナチス宣伝部長のゲッベルスは日記に、製作を依頼した際、「彼女はその申し出に熱狂」したと書いている。

●『意志の勝利』（三四年党大会の記録）。「演出」と「再現」、「時間軸無視」と記録映画の則を超えた方法でレニが目指したのは「ヒトラーの神格化」。のちレニ自身が、当時はヒトラーを崇拝していたと認める。

●『自由の日』（三五年党大会の記録）七〇年代にアメリカで不完全なプリントが発見された。会場での兵士たちの演習を淡々と記録した凡庸な（やる気のない）作とされる。

＊48　『オリンピア』

トラック、フィールド競技を扱う『民族の祭典』、その他をまとめた『美の祭典』は単なる時系列のニュース映画ではなく、「美的」連続性と統一性保持のために全体を配列し直している。レニにとっては「競技」自体は、「肉体のリズム」の映画化の材料。その唯美主義的姿勢は全編を通じて一貫している。

＊49　D・W・グリフィス

一八七五〜一九四八。アメリカ南部ケンタッキー生まれ。南軍大佐の子。一九〇八年、草創期の映画界に入り、五年で四百本以上の映画を撮る過程で、クローズアップ、カットバックなどの映画作法の基本をマスター、のちに「アメリカ映画の父」と呼ばれる。『国民の創生』の成功後、『イントレランス』で大負債を抱え、以後その返済に追われた。

＊50　『国民の創生』

上映時間二時間四十五分の無声映画の大作。南部の黒人奴隷農園主と北部の奴隷解放論者の上院議員。この対照的な名家同士の交流と対立の物語が、南北戦争、リンカーンの暗殺、ＫＫＫの跳梁などの社会相を背景に描かれる叙事詩的作品。ただし全編が白人からの視点で描かれた、人種差別の物語であり、上映禁止運動なども起こった。

第3章 — 内的体験としての戦争

「聖なるもの」とは何か

『戦争論』の第二部は、「戦争の眩暈《めまい》」と題されています。「眩暈」ですから、目が回り頭がクラクラして、そのうち立っていられなくなる。でも、頭の中は恍惚として、何かに憑《つ》かれたような、ある種の興奮状態にもなります。これは、そのような忘我の体験としての戦争という観点を表しています。誰がめまいを起こすのかといえば、人間社会全体が、ということです。

それぞれの章題は、これまで扱った「近代戦争の諸条件」「全体戦争」「戦争　国民の宿命」のほかに、「戦争への信仰」「無秩序への回帰」「社会が沸点に達するとき」といった比喩的な表現が並んでいます。有機的（organic）といってもいいかもしれません。人間社会の総体を「組織化」されたものとして考えたときに、そうした表現になります。「組織化」というと機械的で抽象的な感じがしますが、「組織化（オルガナイゼーション）」（organization）とは、有機体すなわち生き物の内的な組織化のことでもあるのです。

そこから取り出した側面が、本章で取り上げる「内的体験としての戦争」です。カイヨワの特徴が最もよく表れており、「聖なるもの」が直接関わってくる、カイヨワの

『戦争論』の山場になるところです。

「聖なるもの」という概念自体は、ドイツの宗教哲学者ルドルフ・オットー[*1]の著作『聖なるもの』[*2]（一九一七）で有名になりました。それはキリスト教の「聖人」や「聖家族」というときのような「神聖さ」とは違って、もっとプリミティヴで混沌とした、恐れを誘うようなもの、それゆえにまた魅惑するようなものです。いや、「もの」というような客観的に捉えられる物ではなく、むしろ感覚的な経験だといった方がいいでしょう。とりわけそこには、功利主義や合理主義につながるような善悪の倫理的判断は伴いません。オットーはそれがあらゆる宗教現象の中核にある経験だと考えました。

フランスの社会学者のエミール・デュルケーム[*3]も『宗教生活の原初形態』[*4]の中で、この用語を用いて宗教現象一般を理解しようとしました。デュルケームは人間の活動を「聖」の領域と「俗」の領域に二分し、前者を「禁止」によって後者から隔離された領域だとしました。その領域は信念や儀礼によって編成され、個人を超えた力を崇拝の対象とし、そこから生まれる道徳や倫理を通じて成員相互のつながりを支える社会統合的な機能を果たしていると考えました。デュルケームは「聖」を「俗」と対置してそれを機能的に考えようとしたのです。

ついでにいっておけば、この問題系は後にルーマニアの宗教学者ミルチア・エリアーデ[*5]によってまとめられますが（『聖と俗[*6]』一九五八）、まとめて合理的に説明してしまうと身も蓋もなくなってしまうのがこの「聖なるもの」という概念です。

カイヨワはすでに述べたように、バタイユの影響下で『人間と聖なるもの』を書きました。そこでは、「聖なるもの」の経験としての側面が何より強調されています。「聖なるもの」はフランス語では le sacré といわれます。元は「分けられた」「別に取り置かれた」といった意味で、形容詞をそのまま名詞化した言葉です。「分けられた」というのは、とんでもないから、ただごとでないから、通常から分けられ、別格に扱われるということでしょう。そういうものは怖くもあるが、また惹きつけもする。危険かもしれないけれども、抗いがたく魅惑的でもある。だから善悪の判断以前の混沌に人を巻き込んでしまいます。また、それを前にすると、合理的・客観的な判断が成り立たない。だから直接的・非合理な崇拝や畏怖の対象にもなります。それが「聖なるもの」なのです。先ほど、形容詞をそのまま名詞にしたものだといいましたが、「もの」として捉えられるというより「こと」として経験されるといってもいいでしょう。

自分がもはや自分でなくなるかもしれない。でもひょっとするとそれこそが生命の、あるいは世界の源泉なのではないのか？　「ならば体験してみたい」と惹きつけられつつ、やはり恐ろしくなり抵抗する。逡巡するうちに、ブラックホールのようなその引力に呑み込まれてしまったら、もう終わり。そこには善悪も好悪もない。すべてが混濁し沸騰している一種の狂騒状態なのです。しかしそれは、人間が人間であることから「解放」される状態ともいえるのではないでしょうか。

覚めてみると、「ああ、すごかった、怖かった。何だったんだ、あれは……でも、すごかった」と、あとから初めて捉えられる、そんな次元の出来事です。それは、未開社会の習俗や特殊で極端な体験に限らずとも、私たちの日常にもある「祭り」や「遊び」や「陶酔」ともつながっているのです。

しかし、「聖なるもの」は神聖だというわけではありません。むしろ暴力的、破壊的な様相さえ帯びています。カイヨワは、そのことを忘れません。

人間世界のすべてを巻き込み、破壊と狂乱の坩堝《るつぼ》に投げ込んだ戦争の全体化とはそういうことなのではないか、カイヨワはそう見定め、「聖なるもの」という概念によって全体戦争を捉えようとしました。そこには、人類の知恵などまったく無力だった、というより、合理的な文明世界そのものが、その到達点でこの戦争の全体化にまっしぐらになだれ込んでいった、そのことの深刻さに向き合おうとする、強い意志があるように思えます。戦争と「聖なるもの」について、第二部の序文にはこう書かれています。

戦争は、聖なるものの基本的性格を、高度に備えたものである。そして、人が客観性をもってそれを考察することを禁じているかにみえる。それは検証しようとする精神を麻痺させてしまう。それは恐ろしいものであり、また感動的なものでもある。人はそれを呪い、また称揚する。しかしそれは、ほとんど研究されていない。（略）

聖なるものは、まず、魅惑と恐怖の源であった。戦争は、それが人びとをひきつけ、人びとに恐怖を抱かせる時にのみ、聖なるものとして受けとられる。（略）戦争が聖なるもののひき起こすいろいろな反射行動をひき起こしうるためには、一国の国民全体にとっての全体的危険となることが必要であった。（第二部・序）

しかし「全体戦争」といっても、じっさいにその状況を生きるのは一人ひとりの人間です。「社会が沸騰する」といっても、一人ひとりの人間が泡つぶになって沸き立つのです。その沸騰を、自分が呑み込まれる、あるいははじけ飛ぶ体験として、生きる側から見たときに、ひとは「内的体験」を語るのです。

神なき神秘体験——バタイユの「内的体験」

「内的体験」とは、「全体化」の謂《い》いです。人間は、通常の意識的な状態では、自分という個の意識（わたし）を中心に世界を捉え、個を足場として世界につながっています。そうして日常を生きている。もちろん、一方で人間は社会化していますが、それでも誰もが「わたしは…わたしは…」と一人ひとり生きている。ところが、自分という意識の枠組みが崩れると、わたしは誰でもなくなり、何か無制約な全体の中に溶けてしまう。そのとき、いわば「個」の殻が破れて外に出るということですが、それは「外」ではない。無制約なところにもはや「外」はなく、むしろ絶対的な「内」なのです。そのことが「体験」と表現されるのは、主体の意識が崩れてしまって、ただ感覚的な「体験」としてしか生きられないからです。

こういった意識の究極の体験は、西洋では伝統的にキリスト教の「神秘体験」を通して引き継がれてきました。

キリスト教にとって人間とは、「罪」に拘束され、限りある肉体に閉じ込められている弱い存在です。この罪からは神の愛（恩寵）によってしか救われない。なかでも神秘家と呼ばれる人たちは、その愛を求め、瞑想や苦行をして、極限的な祈りに向かいました。すると心身の疲労困憊の果てに「忘我」の境に入り、「我」に閉じ込められていた意識が解き放たれる。結局、ある高揚の極限で意識が飛んで、強い感性的体験に没入するのですが、それが神との合一として受け止められ、至福の体験として生きられます。

これは英語で「エクスタシー」ともいわれます。古代ギリシア語の「エクスタシス」(ekstasis)から来た言葉です。人間がある一定の状態にあることを「スタシス」(stasis)といいますが、その状態から脱け出るという意味です。存在から脱け出ることですから「脱存」であり、苦悶と陶酔とがない混ぜになっていて、日本語では「恍惚」とも訳されています。

ところが、現代では誰もが神を信じているわけではありません。だとすると、神との合一といった意味づけは成り立ちません。しかし「我を失う」という経験がなくなったわけではない。むしろ、いろいろな形であります。では、それはいったい何なのか。無意味な錯乱でしかないのか。いってみればそれは、日常の存在の「非常時」あるいは「緊急事態」です。ともかく「わたし」がおかしくなってしまうのですから。本人の中では何か強烈なことが起きている。感性的な強度がその人の中を突き抜ける。でも、それは当人の内部からしか分からない、意識や意志の限界が崩れ落ちるような極限的な体験です。

こうした自分の「神なき神秘体験」のことを、ジョルジュ・バタイユは「内的体験」と呼びました。バタイユは、全世界に関する知識と人間の精神のあり方の極北にこの体験があると考え、あらゆる知を相対化する拠点として、この体験にいわば「固執した」のです。「恍惚」のことを「惚《ぼ》け」といってしまえばそれまでですが、人間が生きるということにはこのような境地も含まれる。それを引き受けずして何が知（精神）か、というのがバタイユの主張です。だから彼はこれを「非－知」の体験とも言い表しました。

バタイユは、社会学が見出した「聖なるもの」というテーマに強く惹かれました。「内的体験」とはこの「聖なるもの」の世界に突入することにも似ていたからです。行き詰まった近代的知性が、いわゆる未開社会のような「外部」に、異様なものとして、つまり合理性を無化するような、しかし無力ではなくむしろ活力に満ちたものとして見出した「聖なるもの」が、そのような体験の社会化された現象だとみなしたのです。

「聖なるもの」の現出は主体と客体との区別をなくし、世界を混沌に呑み込みます。だからそれは通常、合理的な世界が成り立つためには克服されるべき、人間性の「禍々《まがまが》しい」部分だとみなされます（バタイユは後に『呪われた部分』という本をまとめています）。第1章でも触れましたが、バタイユは、現代社会の中に潜むそのような局面を洗い出し、社会を根本から再考すべく、「社会学研究会」をつくりました。そこで「聖なるもの」に関心を寄せる人びとを集め、その会そのものが起爆剤となって現在の世界観を刷新していこうと考えたのです。第二次世界大戦が始まる直前のことでした。

戦争の差し迫った状況の中で、また個人的にも極限的な苦悩の中にあったバタイユは、自分のまったく私的な危機と世界の命運とを結びつけるかのように、「社会学研究会」の活動と並行して、秘密結社「アセファル」（無頭人）を結成しました。これは秘教的な活動によって、この世界を内的につくり変え、「頭部」なき怪物の姿で象徴される新たな共同性をつくり出すことを目指すものでした。「頭」とは、現代の世界を導いている功利的・計算的・経済主義的知性のことだといってもいいでしょう。そこにはカイヨワやレリスのほか、作家のピエール・クロソウスキー[*7]、画家のアンドレ・マッソン[*8]、また当時滞仏中だった画家の岡本太郎[*9]なども参加していました。

バタイユはそこで「聖なるもの」を甦らせるためのサクリファイス（供犠《くぎ》）を企てたようです。この世界のすべての穢《けが》れ、すべての悪、すべての罪を一身に負わせて、これを犠牲にすることで新たな共同体の端を開こうとしたのでしょうか。詳細は明らかではありませんが、パリ近郊の森で儀式の準備を重ねたようです。バタイユが自らキリストのようにその生贄《いけにえ》になるつもりだったとか、死期の迫っていた愛人のロール（コレット・ペニョ）という破天荒な女性がその役割を譲らなかったとか、断片的な話は伝わっていますが、結局、執行人を引き受ける者が誰もいないという状況の中でロールが病死し、その試みは頓挫して、結社もそのまま解散してしまいます。

ほどなくして第二次世界大戦が始まります。一九三九年九月ドイツのポーランド侵攻からですが、開戦と同時にバタイユは『有罪者』[*10]という本のもとになる日記形式のノートを書き始めます。先述したように、大戦中の一九四三年にバタイユがまず刊行した本のタイトルが『内的体験』です。ともに戦争のさなかに、世界の「破綻」あるいは「恍惚」をめぐって書かれたものです。

「聖なるもの」の理論と実践を追求したバタイユの「社会学研究会」と秘密結社「アセファル」に、若きカイヨワは深く関わっていました。そのことが、カイヨワの考え方の基本をなしていきます。そして戦後、この本で「聖なるもの」としての戦争、つまり「内的体験としての戦争」を考察することになるのです。

ユンガーの「内的体験」とハイデガー

「内的体験としての戦争」という言葉は、カイヨワのものではなく、じつはカイヨワがこの本で言及しているエルンスト・ユンガー[*11]というドイツの作家が、一九二二年に、第一次世界大戦に従軍した体験をもとに書いた作品のタイトル『内的体験としての戦闘』から採っています。

フランス語訳では『戦争、われらが母』というタイトルになっているのですが、ドイツ語原題は“*Der Kampf als inneres Erlebnis*”で、Kampfという言葉は「戦闘」を意味します。ヒトラーの“*Mein Kampf*”(『我が闘争』)*[12]のKampfと同じですね。英語のbattle(バトル)、フランス語ではbataille(バタイユ)です。ジョルジュ・バタイユもユンガーの作品から大きな刺激を受けており、『呪われた部分』の草稿に当たる『有用性の限界』の中では、『内的体験としての戦闘』を長々と引用しています。

ユンガーは第一次世界大戦中、文字通りの戦闘の真っ只中にありました。西部戦線の最前線でフランス軍と対峙し、何か月も続く持久戦となった塹壕戦の、それ以前にはあり得なかった地獄のような状況を生き抜いたのです。量産された近代兵器が惜しげもなく投入されて、戦車が鉄条網を破り、砲弾や銃弾が雨あられと降り注ぐ。兵士の命が弾丸のように使い捨てられ、肉片となって散っていく。十か月の間に七十万人の死者を出したという、有名な「ヴェルダンの戦い*[13]」をはじめとして、主要な戦いのすべてに参加したユンガーは、多くの兵士が戦後もトラウマを抱えて心を病み(後のPTSD:心的外傷後ストレス障害ですが、フロイトは戦争神経症と呼んでいました)、社会復帰不能となったりするような、凄惨で苛酷な非人間的状況を耐え抜きました。

けれども、この非人間的状況こそが近代文明がもたらした新しい戦争の様態であり、自分たちドイツの若者は、この状況を坩堝《るつぼ》として新しい人間に生まれ変わるのだ――そういってユンガーは独自の世界観を切り開き、作家として出発したのです。

彼は一九二〇年、精鋭部隊の将校として自から経験したところの体験を物語った。『鋼の嵐のなかで』という本がそれである。その後の二作『火と血』（一九二六年）と『労働者』（一九三二年）のなか、とくに後者のなかでユンガーは、近代的戦争が〈人間にとって、技術的な、抽象的な、無人格な、如何ともし難い〉ものであることを、少しも隠そうとはしなかった。それどころか、彼自身がこの戦争の無慈悲な法則を甘んじて受け入れている以上、戦争は彼にさからうものではまったくない、と彼は考えた。戦争が一つの巨大な死の工業として現われる時、戦争が人間に対して要求するのは、人間自身が〈一種の武器となり、一種の精密機械となって、壮大にしてしかも残酷な秩序の支配するいとも複雑な全体のなかで、その決められた地位を占めることである〉。

（第二部・第四章）

ユンガーにとって、これこそが新しい時代の人間の栄光だというのです。衝撃的な考え方ですが、戦争を運命的に引き受けなければならないと考える人びとにとっては、強烈なカンフル剤になります。前にも述べたように、第一次世界大戦後は世界に不安な空気が澱んでいたわけですが、それに逆らうようにして、あるいはそれにもう一度火をつけるような、こういう考え方も登場したのです。

同じく塹壕戦の中から、ヒトラーの台頭を支えたナチスの突撃隊のような集団も生まれました。彼らは自分たちの経験した塗炭《とたん》の苦しみを、既存の世界に対する怨みや憎悪に転化し、その「元凶」（ユダヤ人）をつくり出して攻撃しました。

しかしユンガーは凄惨な体験にひるむことなく、無慈悲な破壊という試練を生き抜くこと、それこそが現代の人間の崇高さであるとみなしました。だから彼は、最後までナチスの誘いにのりませんでした。


　このような秩序をそっくり受け入れることのできる人間は、偉大なものとなり、その真の自由を見出す。人間にとってこの真の自由というのは、ある崇高な行動に全面的におのれを捧げることにほかならない。（同前）

すべてを受け入れ、全面的におのれを捧げる、それが真の自由だという。何という逆説でしょう。

近代文明のもたらした物量機械戦の中で、それに裸の肉体を融合させ、肉体の無化を引き受けて、壮大な悲劇の魂となること、そこにこそ人間の偉大さがあると謳いあげる。それは、運命に打ちひしがれることを人間の栄光としたギリシア悲劇の神話性を、機械文明の世界に復活させる試みだったともいえるでしょう。ユンガーは、感情に溺れることなく、冷徹に現実を見つめながら、同時にそれを劇的な高揚に転化するのです。

それをユンガーは「内的体験」とみなしました。その「体験」は、戦争の凄惨さの強度を、逆に文明の精華として謳歌するという、異形のものでした。彼の作品は、「戦争の恐怖そのものが引き起こしたこの眩暈を、極端な形で現わしたものであった」とカイヨワは述べます。

巨大な力を持つ機械装置が人間を呑み込んで超人のように活躍するというイメージは、そこにある壮絶な悲劇性を脱色してしまえば、現代のアニメやゲームの世界の想像力の原型になっています。だからこれは現在でも縁がない話ではないのです。

ユンガーの作品は、マルティン・ハイデガー*[14]の哲学とも親和性を持ちました。時代の「不安」を人間の基本的な情緒であるとし、それこそが人間の「本来的あり方」への入口である、とする意想外の存在の論理で若者たちを震撼させ、一世を風靡したハイデガーが登場するのも、第一次世界大戦後のこの時期です。

それまでの近代哲学では、デカルト以来の「明晰判明」な自我が中軸にあり、それと世界との関係を論じることが主流でした。「不安」などの不分明な要素はネガティヴにしか論じられませんでした。「不安」を初めて哲学のテーマとして取り上げたのはキルケゴール[*15]ですが、それを人間のあり方の入口に置いて、「死に向き合う」ことを人間の根本的なあり方とみなす哲学を展開したのがハイデガーです。その意味では、ハイデガーも全体戦争の時代の雰囲気を色濃く引き受けた人なのです。

フロイトの「戦争」

二十世紀に入り、戦争が全体戦争となってその惨禍が深刻化すると、初めて戦争が「罪悪」であるという考えが顕在化してきました。それまでは、戦争をすること自体に善悪はありませんでした。だからこその「無差別戦争観」だったし、勇ましく戦うことは美徳として称えられることはあっても、非難されることはありませんでした。

古代ギリシアにおけるアリストファネスの喜劇『女の平和』[*16]のように、反戦的なテーマを持った作品はそれまでにもありましたが、ウェストファリア体制以降の国家間秩序の中では、事の善悪にかかわらず戦争することは国家の権利だったのです。

戦争が避けるべき「災い」あるいは端的に「悪」だと考えられるようになった、その転換を象徴するのは、アインシュタイン[*17]とフロイトの往復書簡です。

国際連盟は、戦争再発を避けるために人類の叡智を集めようと、アインシュタインに著名な知識人との意見交換を委託します。そのとき選ばれた対話相手の中に精神分析の創始者フロイトがいました。

「人間を戦争というくびきから解き放つために、いま何ができるのか?」というアインシュタインの問いに対してフロイトは、自分は政治家ではないからその問いに答えることはできないが、心理学的な観点から現在の人間についてコメントすることはできるといいます。

フロイトの心理学は、それまでの心理学と一線を画すものでした。精神つまり意識はそれだけで成り立っているのではなく、つねに無意識を伴っており、その作用を受けている。その無意識の部分は、人間の生きる肉体につながっていて、地底で煮えたぎるマグマのように、欲動をとおして意識を左右している。社会につながる人格的な意識、言い換えれば自我には、つねに無意識が作用しており、その無意識を読解することで初めて人間の心理(精神)というものは解明できる、といった考えです。そうした考えに基づいて、フロイトはファシズム分析の先駆ともいえるような『集団心理学と自我の分析』(一九二一)という論文も書いていました。だからアインシュタインは、人間の理性や意志に反してでも起こってしまう戦争について、フロイトなら何か考えがあるのではないか、と思ったのでしょう。

　フロイトはアインシュタインの問いかけにどう答えたのでしょうか。——人間には「生の欲動」であるエロス的欲動と同時に、「死の欲動」という攻撃や破壊の傾向がある。しかし、文明が発達すると、生活が便利になり、人間はさまざまに保護されるようになって、生きるために粗暴さや攻撃性をしだいに必要としなくなる。そうなると、肉体レベルでも変化が生じて、それが心のあり方もしだいに変えていくだろう。つまり、かつて人間が生きるために必要とした本能的能力はしだいに弱くなり、生きることと不可分の性的その他の欲望は弱まり、同時に攻撃性も衰えてくるだろう。要するに、生物として衰退に向かっていく——、その結果、争いは止み、戦争もなくなるのではないか……。

　集団的暴力の発露である戦争は、一人ひとりの人間の意志ではどうにもならず、ただ発展した文明への依存と、それによる生物としての衰退だけが、戦争を終焉に向かわせることができるだろうと、フロイトはいうのです。ニルバーナ（涅槃《ねはん》）への希望ともいうべき、まことに皮肉な答えです。

　これは一見、カイヨワの見方とは縁がないように思えます。しかし、じつは根底では通じています。ともかく、戦争は人間の意志ではどうにもならないという点では一致しています。フロイトは最初に戦争が「全体化」した頃に、意識的生物としての人間の変化について長期的視野で語ったわけですが、カイヨワはそれから二十年後に、再び「全体戦争」が起きたことをふまえて、意識と無意識との関係を社会人類学的に捉え直し、戦争のメカニズムと、それを人びとがどう生きるのかということを把握しようとしたのです。そのときに「全体化」の様相を捉える動的な概念として「聖なるもの」が必要でした。

ここにおいて戦争の聖なる力は、その十全な輝きをもって現われる。（略）このような感情は、文明がその基礎としている諸々の価値、戦争の前夜まで最高のものと思われていた諸々の価値を、粗暴な瀆聖的な仕方で否定するところにおいて、その最高の強みをみせる。平和が必要と偽善にかられて聖なるものとしてきたもの、すなわち節度、真実、正義、生命といったものを誇らかにあざ笑うこと、これこそが、戦争のもつ聖なる威光の最高の明証である。（略）祭りのなかに現われる〈聖なる違犯〉というものの役割を、戦争が果たしているのである。（第二部・第六章）

神話と「聖なるもの」

　ユンガーは、戦争は個々の人間を、有無を言わさず呑み込む巨大な何かだとしたのですが、人びとはそれを「災厄」とみなすか、人間の新たな展開として引き受けるかという、分かれ道に立たされます。一方は戦争を罪悪視する構えになりますが、もう一方は「神話化」するという姿勢になる。その「神話的思考」、あるいは逃れ難い運命を自らの意志へと転化するという「悲劇的思考」が、ユンガーに代表される戦争礼讃者や戦争信奉者の志向だったといえます。

　神話はもともと、人間を超えた諸力を手なずけようとする、人間による工夫だといえます。また、それをもって人びとを畏れさせ、従わせることもできる。だから戦争の神話化は、現代の戦争が人間の領域を超えてしまい、非人間化した、人間にはもはや制御できない超越的な現象となったことを示してもいるのです。カイヨワはこう述べています。

　戦争のもつこのような性格は、つねに戦争礼讃の理由とされてきた。戦争が人間と同水準にあったあいだは、戦争を神格化しようとするものは一人もいなかった。

けれども戦争は、人間を訓練し、人間を押しつぶすようになり、人間は巨大な機械に対して何の手出しもできず、この機械はその量と理解不能なまでの複雑性によって、人間を呆然とさせるまでになった。この時に至って、鋭い宗教感覚をもつ人びとは戦争を、一種の形而上学的な高みにあるものと考えるようになった。戦争は時のはじめ以来この世界全体を、この高みから司ってきたのだ、というのである。

（第二部・第四章）

西洋文明においては、神話は社会が自らのアイデンティティの原型をつくる装置でしたが、第一次世界大戦後、神話的思考の推進力も与《あずか》って、再び第二次世界大戦が起こったとき、その圧倒的な破壊と殺戮の後で、もう一度人間というものを根本的に問い直さざるを得なくなります。そのときカイヨワを捉えたのが、西洋文明を支えた神話ではなく、「聖なるもの」を戦争と結びつけるという発想でした。この「人間を呑み込む巨大な何か」は、もはや神話のように栄光に満ちたものではなく、むしろ人間が溶解して獣に戻るような、というより機械武装した獣が溶けるような、近代ヨーロッパ文明にとっての異質な他者だったのです。それは、神話も通用しない混沌の中に人間を呑み込みます。それを制御することが「全体戦争」後の課題だということでしょう。

神話について付言すれば、日本は明治期に近代国家をつくるとき、「万世一系」[*18]の天皇を統治者としました。天皇は「神国日本」の軍隊を統帥する存在となり、やがては歴史学も否定されて神話が事実としての通用力を持つようになりました。それは神話が活用されたというより、制度形成のベースに組み込まれ、それによって国の形が定められたということです。しかし、第二次世界大戦での敗戦で破綻したはずのその枠組みは、いつの間にか息を吹き返してわたしたちの日常を規定しようとしています。天皇が存在するというそのことではありません。その存在に社会的な時間を結びつけるという制度、明治維新とともに定められた一世一元[*19]制のことです。天皇が代わると世が改まるという摩訶不思議なことを、二十一世紀の日本の社会が受け入れているらしいことは、メディアを挙げての改元祝いムードの中で明らかになりました。

「祭り」と「遊び」、そして戦争

「聖なるもの」は、私たちに馴染みのある「祭り」とも深く関わっています。

戦争の実態は、祭りの実態にあい通ずる。（略）戦争と祭りとは二つとも、騒乱と動揺の時期であり、多数の群衆が集まって、蓄積経済のかわりに浪費経済を行なう時期である。（略）さらにまた近代の戦争と原始的祭りとは、強烈な感情の生まれる時である。このある間隔をおいて生ずる熱狂的な危機は、色あせて、静かで、単調な日々の生活を打破するものであった。集団の関心事は、個人のあるいは家族の関心事に優先する。個の独立性は一時棚上げされる。個人は画一的に組織された大衆のなかに溶けこんでしまい、肉体的、感情的また知的自律性は消え去ってしまう。

（第二部・第七章）

国家は自己を肯定し、自己を正当化し、自己を高揚し強化する。その故にこそ、戦争は祭りに類似し、祭りと同じような興奮の絶頂を出現させるのである。そして祭りと同じように一つの絶対として現われ、ついには祭りと同じ眩暈と神話とを生むのである。

（同前）

「祭り」は、「遊び」や「無意味な蕩尽」ともつながります。「遊び」とは子どもがすることで、生産性のない無駄なこと、無意味なこととされ、生産や蓄積が優先される近代社会では否定的に扱われます。「まじめな大人」のすることではないというわけです。しかし、遊ばせないと子どもは育たないし、「楽しみ」は「遊び」につきものです。だから、大人の労働にも遊びが必要だといわれるし、精密につくられた機械でさえ、「遊び」がないとうまく作動しないことがあります。

近代社会は表面上、生産や蓄積が価値とされ、勤勉をモットーとしていますが、じつはそれは社会を統制する枠組みにすぎず、最終的な目的は消費や浪費や遊びなのではないか。一人ひとりの人間として見ても、ケチを通して働き、人からも搾《しぼ》り取って、物やお金をいくら貯め込んだところで、墓場まで持っていくことはできません。人のため、自分のために散財する。生産・蓄積に対する消費こそが人間の経済の目的で、人びとの欲望の根源に結びつき、生きることの実相に適《かな》っているのではないか——。近代の功利主義に対する異論として、カイヨワの社会学は無意味だからこそ「遊び」を重視したのです。

消費すること、もしくは使い尽くすことが人間社会の最終的な目的になる。生産された物も、すべては最終的にゴミになります。そのことは、十九世紀に物理学の分野で提起されて以来、いまだに論破されていない「エントロピー増大の法則」[*20]（熱力学第二法則）の示すところです。秩序あるものはそれが劣化して無秩序のほうへ向かう、言い換えれば乱雑さが増すほうへ向かう、という法則です。

じつは先ほどのフロイトの答えも、この法則に通じていますが、それが言外に示しているのは、人類もいつかは無に帰するということです。しかし、いまは人類は存在しているし、人間の活動があり、それについて考えるのは人類が存続しているからです。その消滅が最終的な破綻によって招来されないために、人はものを考え、エントロピーの流れを溯るのです。

カイヨワは、生産原理の社会が爆発的な消費に陥ってしまわないためには、ときに消費の原理の露頭を必要とすると考えたのでしょう。そのとき、「祭り」の熱狂が大きな意義を持ちます。ブラジルで行われるリオのカーニバル*21は典型的な例ですが、一年間働いて貯め込んだものを一度に使い踊って楽しむ。そうした「祭り」では、無意味さや浪費が当たり前になるのです。乱痴気騒ぎが嵩じると、大混乱になり、打ち壊しが起こったり、暴力沙汰が起きたりする。「祭り」が終わると、みんな疲れ果て、お金もなくなって、げんなりしながら日常に戻る。いつの時代のどんな社会でも、そんな発散がなければ「やっていられない」というわけです。

それはカイヨワが区別する身分制社会から民主的な平等社会へという、社会の形成過程にも関係しています。身分制社会では、働かされるのは奴隷で、奴隷は「遊び」を奪われています。支配する主人は、自分が「遊ぶ」ために奴隷を働かせているわけです。ヘーゲルは、奴隷が働くのをやめてしまえば、主人は遊べなくなって、「ごめんなさい、働いてくださいと奴隷に頼らざるを得ない、だから奴隷のほうが主人より偉いのだといって、近代産業社会を正当化しました（『精神現象学』）。そこから、階級闘争の論理や「ストライキ」の権利も出てきます。

身分制度から解放されて平等が社会の原則になっても、結局それが国民として一元的に国家の統制の下に置かれると、この「消費」への傾きは国家によって締めつけられ、方向づけられることになるでしょう。それが戦争という形で、血わき肉おどる「祝祭」として爆発してしまうのです。

カイヨワは近代社会の引き起こした壮大な破壊をそのように理解しました。戦争は国家によって「全体化」し、恐るべき「聖なるもの」として世界を呑み込んだのです。「やってみて分かった全体戦争」（第一次世界大戦）から「それと分かって準備した全体戦争」（第二次世界大戦）という戦争そのものの反転が、この「呑み込み」のダイナミズムを表しているといえるでしょう。

戦争と「祭り」には共通点があります。カイヨワは「戦争と祭りにはまた、道徳的規律の根源的逆転がともなう。戦時には人は人を殺すことができ、また殺さなければならないが、平和時には殺人は最大の罪とされる」とか、「戦争と祭りは、平常の規範を一時中断することであり、真なる力の噴出であって、同時にまた、老朽化という不可避な現象を防ぐための唯一の手段である」などと述べています。

しかし、個々の人間の意志の破綻を全体的な必然性に預ける形で肯定したり、神話的思考を推進することで、このようなメカニズムのさらなる運行を促すことは、戦争を肯定する考え方になります。戦争を称揚する者たちから、それこそが「人間社会の沸騰点」を表すのだ、などといわれることになりかねません。それでは「なんでもあり」のニヒリズムに陥ってしまうでしょう。

カイヨワは、戦争と「祭り」の違いについても考えています。ただしその違いは、戦争において暴力による流血や多くの死者が出ることではないといいます。なぜなら、ときに「祭り」においてもそれは見られることだからです。

とはいえ戦争と祭りとは、いくつかの基本的に異なった性格をもっている。（略）その違いはむしろ、祭りがその本質において、人びとの集まり合体しようという意志であるのに反して、戦争はこわし傷つけようとする意志であるという点にある。祭りにおいて人はたがいを高揚し興奮させるが、戦争においては人は相手を打ち負かしてこれを服従させようとする。そこでは、共同にかわって憎悪が現われ、二つの胞族の結合にかわって二つの国民の衝突が現われる。分かち難き結合を祝うもの

であったものが、容赦なき戦いを行なわせるものとなる。（第二部・第七章）

祭りにおける暴力は付帯的なものであり、豊饒なる熱狂に付随するものであった。（略）ところが戦争において暴力は、機械化して適用すべきものとされ、執拗な戦いを行なうための目標として慎重に考慮されるものとなる。（同前）

戦争はその集団性において、ことに近代では国家が強力に統制する全体性において、個々の人間の枠が取り払われたときに噴出するエネルギーを、すべて「敵」の破壊へと方向づけていきます。そのために集団の力は憎悪や排除の感情という形をとります。ですから「祭り」や「遊び」において個の制約を取り払うことの解放感や豊かさといったものが、すべて「敵」に対する攻撃性となって現れ、憎悪や破壊となり、またそれに対する恨みとなって残ることになるのです。

集団が自足的にそこだけで機能していれば「祭り」で済むわけですが、他者である別の集団が「敵」として想定されたときには戦争になる。そこが「祭り」と戦争の、根本的な違いなのでしょう。

戦争は常に「敵」を想定しますが、第二次世界大戦の末期において、人類はついに敵も味方もともに殲滅しうるような、核兵器という究極の兵器を手にします。最大の恐怖の対象でありながら、あるいはそれゆえに国家がみなその威力を手に入れたがる、アンタッチャブル（不可触）な「聖なるもの」を生み出してしまいます。次章では、そんな核兵器登場以後の、現代の戦争について見ていくことにしましょう。

＊1　ルドルフ・オットー
一八六九〜一九三七。ドイツのプロテスタント神学者・宗教学者。カント、シュライエルマハーらの影響下に、人間の内的直感や予感を方法として宗教の本質を把握することにつとめ、非合理や神秘を宗教史の中に跡づけた。著作に『インドの神と人』など。

＊2　『聖なるもの』
宗教を他の事物からの説明によらず、それ独自の事態として理解して、そこに非合理的で神秘的な〈聖なるもの〉の存在を認めたオットーの主著。

＊3　エミール・デュルケーム
一八五八〜一九一七。フランスの社会学者。哲学的思弁や個人主義的・心理学的説明から独立した、独自の社会的事実の科学としての〈社会学〉の確立をめざし、自殺・家族・国家などの研究に豊かな成果をあげた。著作に『社会分業論』『自殺論』など。

＊4　『宗教生活の原初形態』
晩年の大著。宗教を〈世界の諸事物を「聖」と「俗」の二つの領域に分かつ信仰と儀礼の体系〉と規定し、「聖」を生み出す集合生活の状態を観察して、宗教が本質的に社会生活の所産であることを主張した書。

＊5　ミルチア・エリアーデ
一九〇七〜八六。ルーマニアの宗教学者・作家。ブカレスト大学卒。神話・象徴・儀礼を通して宗教思想を研究。二八〜三一年インド留学。第二次世界大戦後はシカゴ大学教授。作家としてはインド、ルーマニアを舞台とする幻想小説などを書いた。著書に『永遠回帰の神話』、小説『マイトレイ』『蛇』など。

＊6　『聖と俗』
〈聖なるもの〉〈遠い神話時代に発した宗教的価

値〉の現象形態と、宗教的価値に満ちた世界に住む人間の状況と現代社会に代表される〈俗なる世界〉とを対比することにより、宗教的人間のあり方を明らかにしようとした書。

＊7　ピエール・クロソウスキー

一九〇五〜二〇〇一。フランスの小説家・思想家。若くしてアンドレ・ジッドの秘書をつとめ、三四年以後、哲学的関心を共有するバタイユと交流を深め、「アセファル」「社会学研究会」に参加した。著作に『わが隣人サド』『ニーチェと悪循環』など。

＊8　アンドレ・マッソン

一八九六〜一九八七。フランスの画家。〈自動記述〉を取り入れて初期シュルレアリスムの重要画家となるが、二九年排除され、バタイユとの協働を開始。「アセファル」はバタイユとマッソンの〈密議〉から生まれる。のちシュルレアリスムに復帰した。

＊9　岡本太郎

一九一一〜九六。昭和期の画家・彫刻家。父・漫画家岡本一平、母・小説家岡本かの子。二九年渡欧、四〇年までパリで過ごし、抽象芸術・シュルレアリスム運動に加わり、バタイユのグループにも参加。戦後は日本の前衛芸術運動を牽引した。

＊10　『有罪者』

一九四四年に刊行されたバタイユの主著である『無神学大全』三部作のひとつ。

＊11　エルンスト・ユンガー

一八九五〜一九九八。近代ドイツに独特の保守革命イデオロギーを作品に具現化したドイツの小説家・評論家。『鋼鉄の嵐の中で』『内的体験としての戦闘』は、物量戦という非情な世界の中で変容した耽美的ナルシシズムを描いている。

＊12　『我が闘争』
アドルフ・ヒトラーの著作。一九二六年刊。政権奪取を狙った「ミュンヘン一揆」（二三）に失敗、禁錮刑に処せられたナチス党首ヒトラーが獄中で口述により執筆。〈ユダヤ人排斥〉〈ドイツ民族の生存圏樹立〉を社会ダーウィニズムで正当化した書。

＊13　ヴェルダンの戦い
一九一六年二月〜十二月、ドイツ・フランス軍間で戦われた、フランス北東部の町ヴェルダン攻防戦。短時日の軍事的勝利を困難と見た独軍は消耗戦による仏軍の戦線からの脱落を狙ったが、目的を達することなく打ち切られた。この間の兵員・物資の消耗は膨大な量に達し、戦争が物量戦・経済戦の段階に至ったことが明らかになった。

＊14　マルティン・ハイデガー
一八八九〜一九七六。ドイツの哲学者。フライブルク大学でフッサールに師事、現象学を学ぶ。三三年頃ナチスに入党、フライブルク大学総長就任に際し、全体主義的色彩の濃い演説を行う。しかし一年ほどでナチスと衝突し総長を辞任した。著作に『存在と時間』『ヒューマニズムについて』など。

＊15　キルケゴール
セーレン・キルケゴール、一八一三〜五五。デンマークの哲学者・宗教思想家。コペンハーゲン大学神学部卒。肉親の不幸、自身の婚約破棄などの体験から、不安と絶望のうちに個人の主体的真理を求める〈実存〉の思想を形成。のちの〈実存主義〉の先駆と位置づけられる。著作に『不安の概念』『死に至る病』など。

＊16　『女の平和』
古代ギリシア最大の喜劇詩人アリストファネス（前四五五頃〜前三八五頃）の喜劇。ペロポネソス戦争中の前四一一年上演。――うち続く戦

争、遠征に嫌気がさし、男たちに愛想をつかした女たちが集まって、男たちが戦争をやめるまで性生活を拒否することを決議する。すったもんだの末、男たちは戦争を中止する。

＊17　アインシュタイン

アルバート・アインシュタイン（一八七九〜一九五五）。ドイツ出身の理論物理学者。ユダヤ人。特殊相対論・一般相対論で物理学に革命を起こす。三三年、ナチスから逃れて渡米。三九年、ナチスに先んじる原子爆弾開発をルーズベルト大統領に進言するが、戦後は平和運動に尽力。

＊18　万世一系

同じ一つの系統が永久に続くこと。主として皇統（天皇の血筋）についていう。「大日本帝国ハ、万世一系ノ天皇之ヲ統治ス。」（「大日本帝国憲法」第一条、一八八九）

＊19　一世一元

天皇一代にただ一つの年号（元号）を用いること。「明治」に改元した一八六八年九月八日の「改元の詔」で定められ、制度化された。現皇室典範（一九四七）には言及がなく、明文法上の根拠を失っていたが、「元号法」（一九七九）により正式に復活した。

＊20　エントロピー増大の法則

熱力学第二法則は「熱は高温から低温に移動し、その逆は起こらないという法則」のこと。この変化は不可逆変化（物質系の変化のうち、その系も外界もそっくりもとの状態に戻すことが不可能な変化）であり、「不可逆変化では必ずエントロピー（系の乱雑さ、無秩序さを表す量）が増大する」（エントロピー増大の法則）と表現することもできる。

＊21　リオのカーニバル

大西洋に面したブラジル第二の都市リオデジャ

ネイロで、四旬節（復活祭の前の四十日）の直前に行われる謝肉祭（カーニバル）のこと。年に一度の歓喜と陶酔の祭りで、呼び物はサンバのリズムに合わせ、奇抜な（あるいは最小の）衣装を着た踊り手たちが、爆発的に踊りつつ行うパレード。

第4章——戦争への傾きとストッパー

「絶対的戦争」の翌日に

カイヨワは人間社会が身分制支配の時代から平等を原理とする時代（国民と民主主義）への変化に伴って戦争が激化し、ついに全体化したことの逆説を前に、人類学者らしく「全体戦争」を「聖なるもの」の出現と受け止めました。

国民全体というものが他のあらゆる集団構造をしのぐものとなったとき、はじめて戦争は社会的高揚の頂点となった。（略）国民というものが平等の権利をもつ市民のみによって構成されるようになり、市民は政治的力を与えられ、そのかわりに兵役の義務を負うようになったとき、国民は、武装した不可分の全体となり、当然他の国民からは分け隔てられ、たがいに対立し、排除しあう絶対的なものとなった。それが厖大なものとなるにしたがって、国家は国民に対してより大きな役割を果たすようになり、またより多くの統制を行なうようになった。それによって、国民はより社会化された一方、ますます閉鎖的な硬直したものとなった。

（第二部・第七章）

国家の統制が強まれば強まるほど、戦争はより多くのものを消費するようになった。戦争においてより多くの消費がなされるようにするために、国家は絶えず統制を強めてゆくのだ、といってもよい。こうなってくると、隣の国家と国力の資源を競うための闘争が、国家の最大の関心事となる。構造のゆるやかな世界あるいは構造がほとんどないような世界においては、出会いというものが、交換の機会であり、宴の機会であり、祭り、市、競技の機会であったが、もはやこのようなことはあり得ない。国家が成立し確立されてゆくあいだに、競争心は友愛の精神を圧倒するものとなった。特権階級が作法を重んじた貴族的な抗争を行なっていた時代のつぎには、相手集団の存在そのものが無慈悲な勝負の対象になるほどの、憎悪に満ちた絶対的な闘争の時代が到来したのである。（同前）

けれどもその惨状に呆然自失することや、ましてや「聖なるもの」の「恐るべき重み」にひれ伏すことがこの『戦争論』の目的ではありません。醒《さ》めて考え、理解しようとすることは、人間がそうとは知らず再び大災厄の濁流に呑み込まれる危険に堰《せき》を立てる最初の一歩です。起きたことを理解する、とはそういうことでしょう。ましてや、人類はすでに「絶対的」な災厄を経験したのですから。

核兵器——冷戦時代の幕開け

第二次世界大戦の最中に、原子爆弾（原爆）が開発され、使用されました。これは最初の核兵器ですが、人類にとっていまもなお「最終兵器」であり続けています。なぜ「最終兵器」なのかといえば、核エネルギーの解放という制御不能な力を使った「殲滅兵器」だからです。「殲滅兵器」とは、敵と味方の区別すらなく、その場を根絶やしにする破滅の手段のことです。だとすると、もはやこれ以上の兵器はいらない。それに、そんなものは実際使えない（ヒロシマ・ナガサキでは実験の延長で使いましたが、それ以後は）。ですから「最終兵器」なのです。

原爆開発は、アメリカが一九四二年、二千人におよぶ科学者・技術者を動員し、当時最先端の科学技術を結集して始められました。「マンハッタン計画」[*1]と呼ばれるものです。ニューメキシコ州のロスアラモスにつくられた極秘の研究所で、科学者たちは全体の分からない計画の一部ずつを担い、誰もその結果完成することになる兵器の全体像を知りませんでした。もちろん、その効果や威力も知りません。それが「地獄」の扉を開くことになり、開いた扉が再び閉じられなくなることも……。

それからわずか三年足らず、一九四五年七月に人類最初の核実験となる「トリニティ

（三位一体）実験」が行われたとき、未曾有の大爆発を目の当たりにして、多くの科学者・技術者は動揺しました。

計画を率いた物理学者ロバート・オッペンハイマー[*2]は、後に苦渋を込めてこのときを振り返り、原爆の巨大な火の玉とキノコ雲を目の当たりにしたときに、古代インドの叙事詩『マハーバーラタ[*3]』に収められた聖典『バガヴァッド・ギーター[*4]』の一節が心に浮かんだと述べています。それは、「我は死神なり。世界の破壊者なり[*5]」という言葉でした。科学者もその感情は宗教的にしか表現できなかったのです。

科学技術の成果と謳われますが、間違いなく国家の主導によるものです。この瞬間、皮肉にも人類規模の「聖なるもの」が地上に現出したといえるでしょう。アンタッチャブル（不可触）で恐ろしく、しかしみながその威力にひれ伏し、それゆえに手に入れたがる、そんな「聖なるもの」です。

原爆は自然界の扉をも吹き飛ばしました。われわれが生きる物質世界の基本を構成する原子を破壊したということは、「自然」というものの枠組みが根本的に崩れたということです。巨大な爆発エネルギーが出るだけではなく、その残片も放射性物質となって長く周囲を汚染していく。核技術がもたらす結果は、人体への影響もふくめて想定できておらず、それによって始まる制御しようのない核反応プロセスの結果も、考慮されませんでした。

それがヒロシマとナガサキに「地獄」の惨禍を現出させたことは、ご存じの通りです。ところが連合国を率いたアメリカは、当時ヒロシマに原爆を投下したエノラ・ゲイの乗組員たちを「軍神マルス」のように称え、この地上に現出したおぞましい「女神ベローナ」の影を世界から隠そうとしたのです。そして「聖なるもの」を天空に高く掲げ、その威力を誇示しながら「大災厄」の後の世界を統治しようとしました。

バタイユは、被爆直後のヒロシマに入ったアメリカのジャーナリスト、ジョン・ハーシー[*6]のルポルタージュを読み、一九四七年に『ヒロシマの人々の物語』[*7]という長い論文を書いています。ハーシーのルポは、ヒロシマの惨状を被爆した人びとの証言によって冷静に伝え、欧米の市民に衝撃を与えました。バタイユもまたこれによってヒロシマの実情を知ります。そしてすぐに、破壊しつくされた街に生き残った人びとが、剝き出しになった「世界の無意味」の中をさまようという不条理な状況に反応したのです。

アメリカが言うように、核兵器が戦争を終わらせたわけではありません。「全体戦争」は最終的にはこのような兵器を生むということが実証され、それ以上戦争ができなくなっただけです。その一方で、戦争はやはり遂行する国家が崩壊することで終わったのです。この場合の国家崩壊とは、要するにドイツ、イタリア、日本など枢軸国の「無条件降伏」を意味します。

その後、ソ連も原爆の開発に成功し、世界は米ソ両大国を中心とする「冷戦」時代に入りました。イギリス、フランス、中国も続いて原爆を開発、やがて原爆よりさらに強力な水素爆弾（水爆）も開発されました。そして核兵器は、爆撃機から投下される爆弾から、核弾頭を搭載したミサイルに進化していきます。

カイヨワは『戦争論』の「結び」の中で、こう述べています。

核兵器という遠距離まで届く大量殺戮の道具は、抗争を全地球的規模に拡大する役を果たした。

戦争が大量破壊的なものとなるのは、もう不可避なことであった。（略）このような条件においては、戦争は国民という枠をはみ出してしまう。英雄の時代が去って無名戦士の時代が到来し、個人的な闘争がいくつも行なわれるのでなく大量殺戮が行なわれるようになった時、この国民戦争のなかで、すべての戦闘員は自律的に行動し得ぬものとなった。これとまったく同じように、従来の国民国家はいまやその自律性を失う時期に立ち至ったのである。現代の戦争の規模は、個人というものの失墜の第二段階を示している。（略）極端にいえば、もはや戦闘は行なわれなくなってしまったのだ。人びとは、生産し、運搬し、破壊するにすぎない。（略）原子爆弾を使用したいという誘惑がやがて支配的なものとなってしまうかというと、これはまだまだ疑わしい。これを使用する場合の戦闘員の役割は、標的を選び出し、これに向けてその場に適した兵器のねらいをつけ、引き金をひくだけのものとなる。このような仕事は、大部分計算機によって行なわれる。（略）そして間もなく、核爆弾を搭載した宇宙船が絶えず鉛直圏*8を飛行していることとなろう。（略）

このような条件における戦争は、一連の奇襲戦となるであろう。ここにおいて無防備な大衆は、遠くから発射された強力なロケットにより全滅させられるだけである。人間はもはやほとんど戦闘員ではない。彼は、機械の下僕となり被害者となる。（結び）

ここには、戦争の根本的な変質が語られています。全体化した戦争では個人の意志は何の意味も持たなくなり、さらに国民の枠も崩れて、もはや英雄物語は成り立たない。そして国家も技術システムの前に自律性を失う。今後はさらに、機械技術が戦闘というものからいっさいの人間的意味を奪ってしまうだろうと。

カイヨワはこの状況に戸惑いながらも、何とか未来を予測しようとしています。しかし、バタイユが『ヒロシマの人々の物語』で展開したような、人間の存在に関わる核技術の持つ意味、たとえば「死ぬことよりも、死なないことの方が根本の恐怖になるような時代に入った」というようなことについては踏み込んでいません。ただ、当時「国民国家」による「国民戦争」の時代が終わり、「全体戦争」における大量殺戮、大量破壊が戦闘のあり方を大きく変えたことに注目しています。そして国家はそれでも戦争をやめず、その先には、「計算機」(コンピュータ)をはじめとする機械化や電子化が進むとも、それにより兵器が遠隔操作され、戦場から兵士、要するに生きた人間がいなくなることも見透しています。戦争の脱人間化ということになるでしょうか。

「凍結」と「解凍」――戦争の腐乱死体

カイヨワの考察からすでに七十年近くが経過しました。この間には相当に大きな変化が起きています。国際関係や社会の形態にも大きな変化があり、また軍事技術に関しても長足の「進歩」があって、それが戦争というものの性格をさらに大きく変えています。

カイヨワの『戦争論』をふまえつつ、その後の変化を視野に入れて、ここで現代の戦争について考えてみたいと思います。

核兵器の相互保有によって、冷戦体制は国家間対立というより、西側の資本主義国群と東側の社会主義国群との二大陣営の対立という、世界分割の枠組みになりました。「冷戦」は英語でいえばCold Warですが、核を抱えて対峙する大国同士は実際には戦争（War）ができない。もし戦争になれば、双方の破滅を招きますから、もはや勝利はない。その意味では、核兵器は戦争を「不可能」にしたのです。それによって戦争は「凍結」されたのだといってもいいでしょう。

この状況は「相互確証破壊（Mutual Assured Destruction 略称MAD！）」として理論化されました。双方が相手の先制攻撃を受けても確実に同等の反撃ができるようにしておけば、全面破壊は相互的になり、それが相手方に先制攻撃を思い止まらせるという考え方です。そうすると、双方の核兵器保有数や軍事技術開発の競争は、それ自体が不条理になるまでエスカレートしていくほかありません。それが「恐怖の均衡」を生み出しました。いわゆる「抑止力」論の究極です。

この状態はソ連や東欧諸国が崩壊する一九九〇年頃まで、約四十年間続きます。これは「できない」という形で続いていた世界戦争の第三幕だったといってもいいでしょう。

その「凍結」が解除されたとき、「凍結」前の状況がそのまま残っていたかといえば、そんなことはありません。わたしはこのことを考えるとき、エドガー・アラン・ポー[*9]の

『ヴァルドマアル氏の病症の真相』という短編小説を思い起こします。

ある催眠術師が、人が死ぬ直前に術をかければ、死を留められるのではないかと考え、知人のヴァルドマアル氏の同意を得て、瀕死の床で術をかけます。ヴァルドマアル氏は死の間際に催眠状態に入り、そのまま時が過ぎます。けれども、これは実験ですから、そのままにしておくわけにもいきません。数か月後のある日、催眠術師が語りかけると、動かないはずのヴァルドマアル氏が、声ともいえない異様な声を絞り出し、もう術を解いてくれと言います。そこで催眠術師が術を解いた途端、ヴァルドマアル氏はたちまちにして留められていた死の作用に侵され、腐敗のプロセスが一気に進んで、その体は液状に溶けてしまった――。そんな物語です。

冷戦という「凍結された戦争」が解凍されたとき、戦争の基本構造はもはや維持できませんでした。国家同士が国民を動員して戦うという古典的秩序は溶解し、ユーゴ内戦のように、あちこちで形のない抗争が噴出しました。それをわたしは「戦争の腐乱死体」と呼んでいます。戦争はもはや以前の姿ではなく、形の崩れた異様なものになったのです。「凍結」の間、大国間に戦争はなかったとはいえ、地域的な戦争はかなりの規模と頻度で起きていました。その多くはかつて西洋諸国の植民地だったアジアやアフリカの国や地域で、米ソ二大国の陣営固めに絡んだものでした。旧植民地の独立は、「世界戦争」

の背後にある大きな動きの一つでしたが、それも冷戦構造の影響を受けたのです。

第二次世界大戦後には各地で独立闘争が起こり、西洋の宗主国と現地の貧しい武装住民との間で、激しい抗争がありました。その典型は一九五四年から八年以上続いたアルジェリア戦争[*10]です。宗主国フランスはこのコストに耐えきれず、アルジェリアの独立を承認しました。そのようにして一九六〇年代前半にはアジア・アフリカに多くの独立国が生まれます。ただし、冷戦下ですから、宗主国はいわゆる資本主義国である西側、その宗主国と戦う人たちを武器供与などで支援するのは東側です。したがって、独立した多くの国は社会主義国になりました。

その国がアメリカの勢力圏に近いと、独立した国の「共産化」を防ぐためアメリカの諜報機関ＣＩＡ[*11]が暗躍し、政権が転覆されたり、内戦になったりしました。いくつもの地域が米ソの「代理戦争」の舞台となったのです。ＣＩＡは第二次世界大戦後に正規の軍から独立してつくられた諜報工作機関で、その後の戦争の変質に深く関わってゆきます。

一九五〇年にすでに朝鮮戦争[*12]が起きていますが、最も知られている「代理戦争」はベトナム戦争[*13]でしょう。インドシナ戦争[*14]（一九四六〜五四）で宗主国フランスから独立したベトナムが南北に分裂したのち、六四年にアメリカは「トンキン湾事件[*15]」をフレーム・アップして北ベトナムへの直接攻撃に踏み切ります。第二次世界大戦で世界中に落とされた量に匹敵するほどの爆弾を、十年間でこの小国に集中して投下し、一時は五十万もの米軍兵士を送り込んだにもかかわらず、アメリカは勝てませんでした。七三年の撤退決定を経て、戦争は七五年に終結、翌七六年に南北統一が果たされて、ベトナム社会主義共和国ができました。これは冷戦のコンテクストで、ベトナムが共産化したといわれ、その後もベトナムは経済封鎖を受けますが、もっと大きなコンテクストで見れば、アジアの小国が西洋の植民地支配から自立しようとし、その意志を超大国アメリカでさえ押さえることはできなかった、ということです。

アメリカは「ベトナム戦争での屈辱」以来、しばらく本格的な戦争ができなくなりました。冷戦絡みの、いわゆる「第三世界」（東西両陣営に属さないアジア・アフリカ・ラテンアメリカなどの開発途上国）の紛争に対処するには、ＣＩＡを通して介入するしかありませんでした。そういう紛争を政治学などでは「低強度紛争」（Low Intensity Conflict　略称ＬＩＣ）といいます。これは国家間の戦争ではなく、当事国の政府が崩壊するなどして起こる、ゲリラ戦や内戦情況を指します。そこにＣＩＡの工作が絡みますから、手段は非合法だし、誰が誰と闘っているのかも分からなくなります。要するに戦争は、催眠術をかけられたヴァルドマアル氏のように、冷戦によって「凍結」されていたのですが、しかし内部ではすでにその形を崩し始めていたのです。

冷戦状態が「解凍」されてすぐ起きたのが、ヨーロッパのボスニア紛争[*16]（一九九二〜九五）やアフリカ諸地域での紛争（ルワンダ、ソマリア、コンゴ、その他多数）でした。さらに、中東のアラブ諸国は常に不安定。なぜならそこは、イギリスとフランスそれにアメリカが、第一次世界大戦後に国家間秩序をつくった地域だったからです。

例えば近代以降のイラクは、第一次大戦後、イギリスが自国の都合のいいように国境線を引いてつくった国です。イランでは第二次世界大戦後アメリカの政治介入が続きますが、七九年のイスラーム革命[*17]で、現在のイラン・イスラーム共和国が成立します。翌年からその両国の間でイラン・イラク戦争[*18]（一九八〇〜八八）が起こります。

一九九一年、前年のイラクによるクウェート[*19]侵攻をきっかけに起きたのが、湾岸戦争[*20]です。冷戦に勝利したアメリカが、「世界の警察官」を任じて、イラクへの軍事制裁を発動しました。正式な国連決議を取りつけられなかったにもかかわらず、アメリカは三十か国の「同志」を募り、「多国籍軍」という名目でイラクを攻撃します。

イスラーム革命後、イランの影響力を懸念したアメリカは、イラクを援助してイランと戦争をさせました。またクウェートは、イギリスが石油の利権確保の足場としてつくった（一九六一）といってよい国でした。イラクとしては、クウェートはもとをただせばイラクと同じ古代アッシリア帝国の土地ですし、イランと戦ってアメリカに貢献したのだから黙認されるだろうと思ったのでしょう。ところがそれをアメリカは許さず、イラク攻撃に乗り出しました。

そのとき、アメリカがグローバル化した世界の軍事的盟主として、グローバル秩序の安定のために軍事力を行使するという形ができたのです。

グローバル市場化と戦争の変容

戦争と経済の結びつきは、いまに始まったことではありません。国民経済の時代に、国家の利権といわれるものはたいてい経済的なものです。しかし経済規模が拡大し、市場が世界大に広がって一元化すると、国家と市場との関係が逆転し、国家の枠はかつてのように経済活動を利するというより、逆に自由な活動の足枷《あしかせ》になります。その経済活動の場、つまり市場の主要なアクターは一般の人びと（国民）ではなく、法人格を持つ企業や資本を抱えるファンド（財団）です。そういう集団が国家の政策に大きな影響力を持ち、国家の統合力（権力）や軍事力を活用して市場のさらなる拡張をはかります。また、世界戦争で唯一国土に被害を受けなかったアメリカは、世界に軍備を供給する大工場になりました。つまり軍事産業そのものが経済活動の中で巨大なセクターになったのです。第二次世界大戦で活躍した軍人だった大統領アイゼンハワーは、退任するときに、アメリカの将来を憂えて軍産複合体の台頭に警鐘を鳴らしました。しかし、その後もベトナム戦争などを通じ、軍と産業との強い結びつきはアメリカを戦争へ傾斜しがちな国家にしていったのです。

もうひとつ、大きな変化として、軍隊と国民との分離があります。国民国家の軍隊は徴兵制を基礎にしていました。そこには、国民と国家の利害が一致するという前提があります。義勇兵がその典型ですが、「非常時」に国民は国家のために戦場に出ることが義務付けられていたのです。

しかし、ベトナム戦争では、国民と国家の亀裂があらわになります。多くのアメリカ国民はこの戦争に意味を見出せませんでした。遠い戦場に行っても、泥まみれでゲリラに手を焼き、気がついたら残虐行為に手を染めていて、生きて帰っても名誉の凱旋どころかトラウマで社会にも復帰できません。そのためアメリカでは厭戦気分が高まり、徴兵拒否の運動も起こります。そこで、戦争停止ではなく、徴兵制廃止を政府に進言したのが、後にノーベル経済学賞を受ける新自由主義の経済学者ミルトン・フリードマン[*21]です。戦争の長期化による財政悪化もあって、失業者も増えており、これを活用すれば面倒な徴兵制はいらないというのです。つまり「国民の義務」は「雇用問題」に解消できる、失業者が一定数いれば、それを兵士として雇えばいいというわけです。ニクソン大統領[*22]が一九七三年にこれを採用し、アメリカでは徴兵制は廃止されました。これで、雇用が拡大できるとともに、軍の行動に国民の「同意」は不要になったのです。

戦争の経済化にはもうひとつの側面もあります。それは軍事行動そのもののアウトソーシング（外部委託）です。かつては軍需産業というと、兵器製造や兵站《へいたん》部門を担うのが主でしたが、戦時の軍の運営はもちろんのこと、軍事行動や特殊任務までを民間企業が請け負うようになったのです。これは冷戦終結後、余剰人員となりリストラされた元軍人などが、「経験を生かした」軍事会社を起業したことによります。そうした会社にとって戦争は、新たに切り開いた、あるいは開放された「市場」です。これはいわゆる「戦争の民営化」という事態を引き起こします。そこにはかつての傭兵のようなものも含まれます。発注するのは国家ですが、国家は民間企業の「業務内容」に関しては責任を負わなくなるでしょう。ここでも戦争は国民の意志という縛りから切り離され、民主主義のプロセスをかわすようになります。そんな形で、グローバルな市場化は、戦争の政治的コントロールの側面を侵蝕して、結局それを市場秩序の維持ないし押しつけのための強制力に転化しているのです。そして国家はといえば、この秩序の維持だけを役割とする「セキュリティ（安全保障）国家」になってしまいます。

そうなると、戦争を構成する諸要素の関係は、かつての国民国家の時代とはまったく変わってしまいます。

自由主義の市場経済をベースとする社会では、国家の最も有力な構成要素は国民というより企業などの組織体です。その組織体が「法人」として、生きた人間と同格の権利を持っています。個々の人間はそれに太刀打ちできません。経済社会のアクターはもはや生身の人間ではなく、企業・組織体なのです。

それを国家（政府）が統括していますが、現実の力関係では、国家は企業・組織体の意向を反映する、企業体の乗り物になってしまいます。すると、国民はかつてのように国家を支える柱ではなくなる。そして軍も国民との関係を希薄にした一機関になります。国民が関わる「政治」が消えたのです。

「テロとの戦争」

冷戦の崩壊によって戦争がなくなる方向に進んだかというと、そうではありませんでした。代わってグローバル規模で新たに打ち出されたのが、「テロとの戦争」という名の戦争です。

二〇〇一年にアメリカで起きた九・一一のいわゆる「同時多発テロ」事件（この言い方、じつは日本独特です）をきっかけとして、この図式は決定的なものとなります。アメリカを中心とする世界経済を象徴するニューヨークのワールド・トレード・センターのツインタワービルや、アメリカ軍の中枢であるペンタゴン（国防総省本庁舎）に、乗っ取られた旅客機が突っ込んだのです。当時のブッシュ大統領[*23]は直ちにテレビに登場し、「これは戦争だ」と宣言しました。このときからアメリカはこの事件を戦争行為とみなし、軍事行動を起こすというのです。このときからアメリカのメディアはこぞって「アメリカの新しい戦争」とか「二十一世紀の戦争」などと喧伝し始めます。

このとき、二つの重要な問題が押し潰されました。「テロリスト」とは誰か、ということと、その不明な「敵」を相手に国家が「戦争」を構えることができるのか、ということです。

「テロリスト」という言葉は、フランス革命のとき、ロベスピエール派[*24]の「テロル」（恐怖政治）に加担した者たちという意味で生まれました。現代では通常ならば警察や治安部隊が事に当たる犯罪です。ところがこの事件は、アメリカという国家が標的とされ、その行為の深刻さは戦争に匹敵すると見なされました。実行犯はみな死んでいるのですが、それでは収まりません。首謀者は他所にいる、「その首を挙げろ」ということで、軍事行動が打ち出されました。この事件がもたらした衝撃は大きく、「見えない敵」に対する恐怖はたちまち憎悪と報復の感情へと転化して、アメリカ国民の多くは「テロとの戦争」を強く支持しました。そのアメリカの勢いに呑まれ、あるいは「被害者」アメリカに同情して、世界の主要な国々はこれを受け入れました。

繰り返しになりますが、戦争とはウェストファリア体制以後、主権国家間でのものでした。しかし「テロリスト集団」には国家のような領土がありません。ですから九・一一の場合は、事件の首謀者とされたオサマ・ビン・ラディン[*25]と彼が率いる武装集団アルカイダ[*26]が潜伏していた、アフガニスタンという国を攻撃したのです。攻撃された国にとっては主権侵害であり、この戦争行為はふつうなら国際法違反です。しかしアメリカは「テロ被害」を口実にこれを強行し、「ウェストファリア体制は古くなった」（ラムズフェルド[*27]国防長官）と攻撃を正当化しました。このときから、「テロリスト撲滅」を理由に他国を攻撃することが当然とみなされるようになったのです。メディアはそれを「二十一世紀の新しい戦争」と宣伝しました。

その後、アメリカはさらにイラク戦争[*28]（二〇〇三〜一一）へと突入していきます。

これは一見国家同士の戦争のように見えますが、イラクは「テロリスト」同様「ならず者国家」と決めつけられて、初めから国家としての資格がない、フセイン政権は統治する権利もないと宣告されたも同様です。だから大量破壊兵器を隠し持っているという口実で攻撃されたのです。つまりこの戦争は「テロとの戦争」の延長線上で行われたのです（この「口実」もじつは言いがかりにすぎなかったことが明らかになります）。そして実際、イラク政府が倒れると、国内は混乱に陥り、その混乱に対処する軍事行動は「テロとの戦争」として見通しもなく継続されることになりました。

「世界戦争」以前は、主権国家間であればどの国と戦争をしてもよかった。ところが第二次世界大戦後には、国連（国際連合）憲章に掲げられたように、戦争は原則禁止ということになりました。「全体戦争」という狂乱から覚め、それが途方もない破壊をもたらしてしまったことを反省した世界は、新しい秩序をつくり直そうとしたのです。

それは「理想」かもしれません。たしかに、戦争禁止といっても、自衛のための戦争や違反国への制裁は除外されます。ですから、実際にはその名目によって戦争が行われてきました。しかし、その「理想」を掲げることなしに世界の未来はないと誰もが考えていたのです。ところが、その理念の実現に最も責任あるはずの超大国アメリカは、そうした秩序形成への努力を放棄してしまったかのようです。それは、これまで述べてきたような国家の変質によるところが大きいでしょう。

非対称的戦争と「セキュリティ国家」

現代の戦争は「非対称的」といわれます。主権国家間の戦争は、当事者が対等な国家同士ですから、敵味方の関係が対称的です。ところが「テロとの戦争」では、国家が国家でないものを相手にするのですから、関係は非対称的だというわけです。

それを「戦争」といえるのかも問題になりますが、相変わらず戦争という言葉は使われて、しかも、そこにいまだに国家間戦争の古典的なイメージが貼りついています。そのため、国家の軍事力行使には制約がなくなり、戦争の仕方自体も大きく変わりました。

ベトナム戦争以後、アメリカはＩＴ技術による「ミリタリー革命」を進めました。核に代わる効率的な兵器が追求されますが、画期的だったのは、ＩＴ技術を駆使したハイテク兵器です。それは敵を探知し、安全なところから敵を攻撃することを可能にしました。それによって戦争の人的コストが大いに軽減されます。「コスト」とはこの場合、兵員が死ぬことです。肉弾あい撃つ白兵戦は避ける。いまでは遠隔操作のドローンや、ＡＩ（人工知能）を組み込んだロボットなどの無人兵器が使えます。つまり、戦場に人がいなくていい、消耗のない戦争が追求されているのです。ベトナム戦争のときに犠牲を多く出したために、国内から受けた反発が、それによって解消できます。だから国家は心配せずに戦争ができるようになったのです。

カイヨワは当然、ハイテク兵器の存在を知りませんでしたが、『戦争論』の中には、こんなくだりもあります。

機械そのものは、決して危険なものではない。それは、金属片を精巧に組み合わせたものにすぎないからである。わたくしが恐れているのは、機械を組み立てるために必要とされたところの、あらゆる種類の、数限りない機構・構造・関係・作業なのである。これらは、重みをもってのしかかり、社会のバランスをくずす恐れのある惰力である。（結び）

ここでカイヨワが「恐れている」ことがＩＴ技術やいわゆるＡＩによって解消されたのです。機械はもはやたんなる機械ではなく、面倒な作業も一手に引き受けて、人間のできない計算をし、人間に代わって効果的に殺傷をしてくれる利器になりました。ただし、これは攻撃する側からの一方的な見方で、戦争には相手つまり「敵」がありますから、相手も同等だったらこうした見方は成り立たないでしょう。現代の戦争は基本的に「テロとの戦争」であって、敵は「人間ではない」から大丈夫、ということでしょうか。「非対称的」という言い方は、こういう一方的な戦争の実態にも及んでいます。

もう一つ、非対称的なものにメディア対策がありました。情報の伝達を一方向化する、つまり攻撃する側から発信して、攻撃される側は見せないということです。イラク戦争で有名になった「エンベデッド取材」というものがあります。これはメディアが軍隊に組み込まれた（embedded）いわゆる従軍取材のことです。ベトナム戦争のときには現場からのリアルな報道が世界中に流れ、反戦ムードを高めました。その「反省」を生かし、メディアを戦争遂行の側にとり込んだのです。

エンベデッド取材では、戦闘機や戦車に記者を同行させます。臨場感はありますが、すべては攻撃する側の視点からしか見えません。戦闘機に乗っても、画面越しにミサイルが発射されて、標的あたりに白煙が上がるのは見えますが、そこが病院だったとか、がれきの中に肉片が散っていたとかは見えません。そんな視点からの報道は、最新鋭の兵器と勇気ある兵士たちが「恐ろしい敵」を痛快に退治してゆくといった、「大本営発表」風のルポルタージュにしかならないでしょう。ゲームのような感覚といってもいいでしょう。

これはまさに「ユニラテラル」（一方向的）な戦争です。戦争をする権利があるのは一方の国家だけで、相手にはない。権利がないとされた者だけが「敵」になる。あとは一方的に敵を叩き潰すだけです。そして、相手は国家でも公的な集団でもないから降伏も講和もありません。交渉相手とさえ認められません。実際、戦果の発表も、かつてなら「サイゴン陥落」とか「バグダッド制圧」などといっていたものが、いまでは「テロリスト何人殺害」となります。それに、「テロリスト」とは「テロ」を起こした犯人の呼称です。つまり事前には分からない。しかし攻撃で殺された「敵」は「テロリスト」だったということになるでしょう。ともかくそうして、この戦争では、「テロリスト」と名指しされた人間の「殺害」が戦果となったのです。たとえば二〇一五年の初頭、アメリカ軍がIS*29（イスラーム国）の空爆を始めて数か月で「六千人以上の戦闘員を殺害した」という発表があったように、アフガニスタン爆撃以来、戦争の目的が純然たる人殺しであることは公然化されています。

また、この戦争には「相手国」がないので、「敵」と「味方」の区別がつきにくい。「テロリスト」は、九・一一のときのようにたいてい国内にいるものです。だとすると、国内も潜在的な「戦場」です。ところが国内を爆撃することはできませんから、監視し、事前拘束し、予防するということになります。国内には監視体制が敷かれ、国民は潜在的な敵ということになります。テロリストが現れれば、もう戦争は始まっているのですから、この戦争は始まりが分からない。また、終わるときも、それまでの戦争のように講和会議があるわけでもない。交渉相手はいないのですから。「テロリストを撲滅した」と国家が宣言するまで、この戦争は終わらないのです。

アメリカはこの体制を、九・一一後の国家非常事態宣言下で法制化し、「愛国者法」

（パトリオット・アクト）と名づけました。この法律は時限立法でしたが、別の法律（米国自由法）に引きつがれ、監視体制は続きます。

そうすると、「不断の警戒態勢」をとるといわれるように、「戦時（非常時）」と「平時」の区別はなくなり、国家は国民監視を最大の正当任務とする「セキュリティ国家」となります。日本語で言えば「安全保障国家」ですが、この安全保障体制そのものが「テロとの戦争」の別名として恒常化するわけです。

人権と「ホモ・サケル」

本当の問題は、「テロとの戦争」といった途端、「敵」が消されてしまうことです。「テロリスト」として名指しされたときから、それは存在してはいけないもの、あらかじめ消されたものとなるわけです。そしてそのこと自体が、名指しするものとしての国家の、無制約の権力行使であるという現実を、見過ごしてはいけません。

国連は戦後の一九四八年十二月十日、「世界人権宣言」を採択しました。それは第二次世界大戦において、人類がアウシュヴィッツやヒロシマ・ナガサキを現出させたことに対する、一つの答えでした。民族の浄化や原爆による無差別殺戮をさせないことが、何より大切だと宣言したのです。「すべて人は、人種、皮膚の色、性、言語、宗教、政治上その他の意見、国民的若しくは社会的出身、財産、門地その他の地位又はこれに類するいかなる事由による差別をも受けることなく」、「生れながらにして自由であり、かつ、尊厳と権利とについて平等である」。あらゆる人間には平等に生きる権利がある。いかなる理由であろうとも、憎悪の感情を煽ることがあってはならない。戦争はそこから起こるからです。カイヨワが人間の心理の面を強調した重要性も、まさにその点にあります。

それが、戦後の世界秩序を支える価値の出発点でした。それ以降、普遍的な「人権」の確立とその実現に向かって努力することが、世界共通の要請とされました。しかしそれは、現実には国家の権力行使にとって大きな制約となります。誰であれ簡単には殺せなくなるからです。だから死刑も問題視され、死刑廃止が世界の趨勢になりました。

その制約を見事にクリアしたのが、「敵」としての「テロリスト」という概念の発明です。先に述べたように、これはもともとはフランス革命時の政治的対立に由来する用語でした。しかしそれが、現代の犯罪学によって、コンテクストを削ぎ落とした犯罪類型を示す用語になりました。カジンスキーという数学者が起こした「ユナボマー事件[*30]」（一九七八〜九五）という連続爆弾事件や、日本のオウム真理教による地下鉄サリン事件などを類型化する用語です。ところがそれが、国家が戦争を発動するために使われるようになったのです。

無差別殺傷は重大犯罪で、それに対処するのは国家の役割です。しかし犯罪ならその理由、つまり「なぜ？」ということが問われます。たんなる憎悪や報復でよいなら、裁きの正義には意味がないことになります。ところがここに「テロリスト」という概念が使われると、それ自体がすでに断罪の役割を果たし、もはや裁きもなく、抹消を運命づけられるわけです。「テロリスト」と呼ぶことが、そのまま死刑宣告になります。ただし、それができるのは圧倒的な軍事力を持った国家か、国内の「敵」を排除しようとする国家だけです。結局、この言葉を使うことによって、大国は制約なく「殺すことのできる人間」、あるいは抹消すべき「非人間」という好都合なカテゴリーをつくり出したことになります。それはアラブ・イスラーム系の人びととは限りません。そんな出自や属性とは切り離して、ともかく普遍的と認められた「人権」の埒外に置かれた存在、「人類の敵」として問答無用で抹消できる存在をつくり出したのです。

もちろん現代世界に起こる無差別殺傷を容認せよというのではまったくありません。ここで考えたいのは、ある国家が非対称なルールを一方的につくり、それによってこの地球上に生きる人びとを色分けすることの是非なのです。

歴史的に見れば、「殺してもよい人間」というのは、古代ローマの時代にもありました。ローマ法[*31]には、「罰されずに殺すことができる人間」というカテゴリーがあったのです。そう宣言されると、その人間は誰が殺してもいい。しかしその死は不浄だから犠牲として神に捧げることはできない。そのような人間は「ホモ・サケル」(聖なる人)と呼ばれました。「聖なる」の元の意味は「分離された、切り離された」ということですから、「別格」の、人間社会から切り離された存在ということです。

現代イタリアの哲学者ジョルジョ・アガンベン[*32]は、「テロとの戦争」が始まる以前から現代世界の法秩序についての思索を重ね、この概念に注目して、『ホモ・サケル』(一九九五)を著し、それを一連の著述の総題にしました。

じつはバタイユもそのことに着目していたのです。バタイユは、人類学者ジェイムズ・フレイザーの『金枝篇[*33]』(一八九〇〜一九三六)第一章に登場する「森の王」という古代ローマの祭司に自らを重ねました。その王の名である「ディアヌス」を、『有罪者』の初版で、架空の筆者[*34]の名にも用いています。ディアヌスは、ネミの森という神聖な森の祭司で、「森の王」と呼ばれていました。ただし、その王の資格は逆説的で、彼は前任者を殺して王になる。殺した者が王になるわけですが、王になった途端に、今度は自分があらゆる者から命を狙われる立場に置かれる。それが「森の王」の栄光だというのです。ですからディアヌスも「ホモ・サケル」(聖なる人)なのです。この「ホモ・サケル」は、無秩序状態の中で全権を持っている「王」です。しかし、その全権には何の保障もなく、誰でもが取って代わることができる。バタイユはそれを大きなモチーフにして「自由」や権力のパラドクスを問いました。ちなみにわたし自身も『不死のワンダーランド』（一九九〇）という本で、そのことを基本モチーフにしました。

あたかも古代の「ホモ・サケル」のように「人権」から切り離された、「殺してもよい人間」を「文明の敵」として設定することで、現代の戦争は正当化されています。二十世紀の「世界戦争」の段階で、戦争についてのさまざまな意味づけがなされました。しかし、当然のこととして、いまでは英雄神話も、国民戦争の枠組みも、ナショナリズムすらもまともには成り立たなくなりました。「全体化」してすべてを呑み込んでしまった後では、戦争を文明の破壊的な「祝祭」といって済ますこともできないし、二度めはもはや「聖なるもの」ではあり得ません。そういってよければ、戦争の「聖なるもの」は、その禍々しさだけを分離して「ホモ・サケル」たる「テロリスト」に負わせ、それが人びとの日常から隔離された遠い場所で、精巧な計算装置で抹消処理されているのが現状です。そうした戦争の現状は、カイヨワの時代には見通せませんでした。しかしここで何が課題なのかを考えるとき、もう一度カイヨワに戻ってみることには大きな意味があります。

ベローナを見よ

核兵器以降、兵器が「発展」を遂げた世界をカイヨワはもちろん知りません。しかし、その慧眼《けいがん》によって予言的なことを述べています。

戦争というものはつねにかわらず、〈生きた肉体のなかに鉄塊あるいはこれに類するものを打ち込むために、不可能なことを行なう〉ことであった。この生きた肉体とはもちろん、いつにかわらず人間であるが、その肉体に鉄塊を打ちこむためのエネルギーは、徐々に人間のエネルギーではなくなってゆき、まったく別の力が必要とされるようになった。

（略）それは、人間がもうどうにも制御しようのなくなった、巨大な惰性によって課されたものといってよい。現代の戦争の絶対的根源にあるのは、このような恐るべき重みである。現代の戦争には、人間的な意味での原因はもうあり得ない。それは、計り難いほどの厖大な物量の、ゆっくりとした、しかし抗し難い、仮借なき運動により、運ばれてゆくかにみえる。（略）一旦この運動がはじまってしまうと、もうその動きを止めることはできない。（略）目で見ることができず、微妙でしかも奇妙に非物質的なこの戦争は、一種の至上権をもっている。なぜならそれは、現代社会の組織・管理を可能にする無数の機構の、その重みとその硬直さ以外の何物でもないからである。（結び）

機械文明の進歩によって、人間の生活が合理的に洗練され便利になる一方で、戦争が残虐さ、凄惨さを増してゆく状況に呆然としながらも、カイヨワはその行く末を見通しているかのようにも思われます。そして、「結び」をこのように締めくくります。

人間に奉仕するこの巨大な機構（筆者注：機械文明のこと）は、目に見えないいろいろな方法により、人間に奉仕しながら人間を服従させている。（略）これに対処する方法となると、これはまた微妙なそして限りを知らぬ問題である。が、それには物事をその基本においてとらえること、すなわち、人間の問題として、いいかえれば人間の教育から始めることが必要である。（略）とはいうものの、このような遅々とした歩みにより、あの急速に進んでゆく絶対戦争を追い越さなければならぬのかと思うと、わたくしは恐怖から抜け出すことができないのだ。（同前）

人間に奉仕しながら人間を服従させる巨大な機構の進める「絶対戦争」に対し、カイヨワは具体的な処方を示すことはできませんでした。ただ、その振舞いからして、ユネスコに身を置き、「教育」を通して何らかの働きかけをすることに、辛うじて自らの場を見出したのでしょう。しかし、その結論はあくまでも苦いものです。歯止めの利かないスピードで進化する「絶対戦争」は、カイヨワが危惧したように、これまで述べてきたような姿になり果てています。

そこで思い起こすべきことは、世界が合理的にＩＴ化され、徹底的に計算され、管理されて、たとえ人間が遺伝子情報に還元されたとしても、いまを生きるわたしたち一人ひとりが、血の通ったこの生身で生きているというそのことです。ハイテク化されていくヴァーチャルな世界に、「わたしには血が通っているのだ」と表明し、その潮流にブレーキのようにつっかい棒を差し込むことが、わたしたちに残された可能性なのではないでしょうか。

普遍的な「人権」という理念は、生きている一人ひとりの人間の、生きていることそれ自体の価値を肯定し守ろうとするものです。それを改めて権利として立てることでしか、複合化した全体に抵抗することはできないと思うのです。それによって、ＩＴ・経済・グローバル化という世界の機械化の流れに、小さくとも確かな堰を立てることができるでしょう。

この「人権」の理念こそが、戦争の苦悶と悲嘆の中から「女神ベローナ」が生み出したもう一つの「聖なるもの」だといってもいいでしょう。この「人権」を、わたしたち自身のものとして、すべての人びとのものとして、粘り強く現実化していくことが、たとえそれがハイテク化された世界の中では愚鈍なふるまいに見えるとしても、避けがたく露わな「戦争への傾き」に対する最も基本的な「堰き止め」になるのではないでしょうか。だからこそ、いまわたしたちが『戦争論』を読む意味もあるのです。

戦場から人がいなくなって、何が残るかといったら、そこに飛び散った肉片と血です。しかしそれはいまや人間とは見なされない「非人間」の肉と血であり、もはやその死さえカウントされません。そんな世界でわたしたちは、文明の無制約の進歩を勝ち誇る「マルス」の姿を見るのではなく、見てはいけないことになっている「ベローナ」を見よ、ということをカイヨワの『戦争論』の最も深い教訓として受け止めようと思います。人間が生き続ける、誰もがそれぞれに生きられる未来を望むのなら、戦争の、汚辱にまみれ、醜くおぞましい、生々しくリアルな、禍々しいその姿を直視して、そこから目を逸らしてはいけないのです。

＊1　マンハッタン計画

第二次世界大戦中のアメリカの原子爆弾製造計画及びその暗号名。ドイツの原爆製造を恐れる亡命科学者たちのルーズヴェルト大統領への進言を契機に一九四二年発足。約二億ドルを費やし、ノーベル賞受賞者を含む一線の科学者を動員して、ロスアラモス研究所を中心に原爆の研究・製造にあたり、四五年七月原爆の実験に成功、八月広島・長崎に投下した。

＊2　ロバート・オッペンハイマー

一九〇四〜六七。アメリカの理論物理学者。ハーバード大学卒。原子核理論・素粒子論、相対論などを専攻。四三〜四五年ニューメキシコ州ロスアラモスに建てられた研究所の所長に就任、多くの科学者を牽引して、原爆の製造に導いた。

＊3　『マハーバーラタ』

十八巻約七万五千詩節からなる古代インドの大叙事詩。紀元後四〇〇年頃の成立か。叙事詩の『ラーマーヤナ』とともにヒンドゥー教最大の聖典とされる。主筋はバラタ族（バーラタ）のうちのパーンドゥの五王子とクルの百王子との間の確執と、それに続く十八日間の戦争にある。

＊4　『バガヴァッド・ギーター』

ヒンドゥー教の最も有名な聖典で、『マハーバーラタ』第六巻に編入されている。表題は『神の歌』の意。紀元一世紀頃成立か。パーンドゥ軍とカウラヴァ軍が戦場で対峙したとき、パーンドゥの勇士アルジュナは同族同士の戦いの意義について悩み、戦うことを拒否する。そのとき、彼の御者になっていた英雄クリシュナ（バガヴァッド）が、彼を立ち上がらせるためにこのギーターを説いたという設定になっている。

＊5　「我は死神なり〜」

英語をもとに流布した言葉。『バガヴァッド・ギーター』（上村勝彦訳、岩波文庫、一九九二）には、「私は世界を滅亡させる強大なるカーラ

〈時間〉である。諸世界を回収する〈帰滅させる〉ために、ここに活動を開始した」とある。

＊6　ジョン・ハーシー

一九一四〜九三。アメリカのジャーナリスト・小説家。イェール大学卒。「タイム」誌の記者として第二次世界大戦に従軍、多くのルポや小説を書いた。イタリア解放時のアメリカ軍をユーモラスに描いた小説『アダノの鐘』（四四、ピュリッツァー賞受賞）、広島の原爆被災地の惨状をルポした『ヒロシマ』（四六）がよく知られる。

＊7　『ヒロシマの人々の物語』

ハーシー『ヒロシマ』の書評であるこの論文（一九四七年発表）でバタイユは、広島を特別視してことさらに呪い声を上げるよりも、〈人間の生の構成要素でもある不幸の、深遠な無意味さを直視する勇気〉を求めつつ、「美しく素晴らしく愛されるにふさわしい人間の生を、捨て去るわけにはいかない」として、人類の未来を救い出そうとする、それまでのバタイユとは違う一面を示している。

＊8　鉛直圏

鉛直線を含む面が天球と交わってできる大円。垂直圏も同じ。高高度の天空中を宇宙船（人工衛星）が飛び交っていることの比喩的表現か。

＊9　エドガー・アラン・ポー

一八〇九〜四九。アメリカの詩人・小説家。旅役者の子。若くして創作を始め、各地で雑誌編集者をつとめるかたわら、怪奇・幻想小説、空想科学小説を量産。詩作にもはげみ、「詩の原理」などの斬新な詩論も書いたが、それはやがてボードレールを筆頭とするフランス象徴詩に大きな影響を与えることになる。

＊10　アルジェリア戦争

一八三四年以来フランスの植民地だったアル

ジェリアで、独立を目指すアルジェリア民族解放戦線が行った民族解放戦争。一九五四年に開始された武装蜂起の鎮圧に失敗したフランスは、巨額の戦費などで財政危機に陥った。五八年新大統領ド・ゴールはアルジェリアの自決権を承認、六二年アルジェリアは独立を達成した。

＊11　CIA

アメリカの中央情報局Central Intelligence Agencyの略称。国家安全保障会議などとともに一九四七年の国家安全保障法によって設立された大統領の直属機関。さまざまな情報収集・諜報活動を統合して、対外政策の決定に必要な秘密情報を提供することを任務とする。

＊12　朝鮮戦争

一九五〇年六月～五三年七月（現在、休戦中）、大韓民国と北朝鮮（朝鮮民主主義人民共和国）との間の戦争。第二次大戦後の米ソ対立を背景に、南北を分かつ北緯三十八度線付近で両国が武力衝突、韓国は米軍を中心とする国連軍の、北朝鮮は中国義勇軍の支援を受けて戦った。

＊13　ベトナム戦争

一九六〇年代初頭～七〇年代、南北統一を目指す北ベトナムが、南ベトナム・アメリカを破った戦争。共産陣営の北ベトナムはソ連・中国が全面支援していたので、冷戦時代の代理戦争でもあった。米軍は五十万人を超える兵力を投入したが決着をつけられず、七三年に撤退。七五年サイゴン（現ホーチミン）が陥落、翌七六年ベトナムは統一された。

＊14　インドシナ戦争

第二次世界大戦後、旧フランス領インドシナ（ベトナム、ラオス、カンボジア）が三国の独立を認めないフランスと戦い、独立を勝ち取った戦争。ベトナムはジュネーブ会議（一九五四）で、北緯十七度線を軍事境界線として北をベトナム民主共和国、南を親仏傀儡のバオダイ・ベトナム国の統治範囲としたが、統一は先送りされた。

＊15　トンキン湾事件

一九六四年八月、トンキン湾上で発生したアメリカと北ベトナムの衝突。アメリカの駆逐艦がベトナムの魚雷艇に二度にわたり攻撃を受けたというもので、アメリカはこれにより北ベトナム爆撃（北爆）と地上部隊の大量派遣を実施、本格的軍事介入に踏み切った。ところがのち七一年に、二度目の攻撃はアメリカの捏造だったことが明らかとなった。

＊16　ボスニア紛争

一九九二年旧ユーゴスラビアのボスニア・ヘルツェゴビナの独立を機に勃発した、国内居住の三民族（ムスリム人、セルビア人、クロアチア人）による三つ巴の武力衝突。三民族それぞれが「民族浄化」の名のもとに他民族の追放・虐殺を行うなど凄惨な戦いとなった。九五年デイトン合意により、「ボスニア・ヘルツェゴビナ連邦」と「セルビア人共和国」の国家連合となった。

＊17　イスラーム革命

イラン革命とも。パフラビー朝の国王独裁を打倒し、ホメイニ師の指導のもとにイラン・イスラーム共和国を樹立した革命。王政打倒後、国家体制のあり方をめぐり激しい抗争があったが、国会で採択されたイスラーム共和国憲法でホメイニ師に三権分立を超える国家最高指導者の地位を与え、イスラーム国家体制が固まった。

＊18　イラン・イラク戦争

国境問題、ペルシア湾岸地域の覇権などをめぐりイランとイラクが戦った戦争。発端は一九八〇年イラクによるイラン侵入だが、八二年以降はイランがイラクに侵攻した。イラクの体制崩壊はイラン革命の拡大につながると懸念した周辺諸国や大国はイラクを支援。結局、八八年、国連安保理の停戦決議を両国が受諾して、戦争は終結した。

＊19　クウェート

ペルシア湾北西に位置する立憲君主国。世界有数の産油国。一八九九年イギリスと保護条約を結んで外交権を委譲。一九六一年イギリスはクウェートの完全独立を承認したが、クウェートを自国の一部と主張する隣国イラクと紛争が生じる。結局アラブ連盟はイラクの主張を退け、クウェートの独立を認めた。

＊20　湾岸戦争

一九九〇年八月のイラクによるクウェート侵攻に端を発する戦争。国連安保理はイラクに対し、期限までに撤退しない場合は加盟国に武力行使を認める決議を成立させた。期限切れ直後の一九九一年一月十七日、多国籍軍はイラクへの空爆を開始、二月にはクウェートで地上戦に突入、二月二十八日アメリカ大統領ブッシュの停戦命令により事実上終結した。

＊21　ミルトン・フリードマン

一九一二〜二〇〇六。アメリカの経済学者。長くシカゴ大学教授。〈経済活動の基礎には貨幣の働きがある、とりわけ貨幣供給量の変化によって経済活動全体の動きが大きく左右される〉との信念に立って、いわゆる「マネタリズム」を提唱した。

＊22　ニクソン大統領

リチャード・ニクソン、一九一三〜九四。アメリカ第三十七代大統領。共和党。六八年、「法と秩序」をモットーに当選。経済ではドルの兌換停止で「ニクソンショック」を招き、外交では中国との実質的国交回復を行った。再選を果たしたが、「ウォーターゲート事件」により、史上初めて辞任した大統領となった。

＊23　ブッシュ大統領

ジョージ・W・ブッシュ、一九四六〜。アメリカ第四十三代大統領（在任二〇〇一〜〇九）。

ハーバード大学卒。テキサス州知事から大統領。〇一年の「同時多発テロ」では容疑者引渡しを拒否したアフガニスタン攻撃を決定。また〇三年には、国際世論を押しきりイラクを攻撃（イラク戦争）、フセイン政権を崩壊させた。

＊24　ロベスピエール派

フランス革命の指導者の中で一貫して急進的な位置にいたロベスピエール（一七五八～九四）が、議会（国民公会）で率いていたのが左翼議員のグループ「山岳派（議場内の高いところの座席を占めたのでこの名が）」で、これが広い意味での「ロベスピエール派」。この山岳派が議会内から反対派を一掃、権力を掌握してから、ロベスピエール自身が捕らえられて処刑されるまでの一年ほど（一七九三～九四）が、いわゆる恐怖政治の時期。

＊25　オサマ・ビン・ラディン

一九五七頃～二〇一一。イスラーム原理主義者。サウジアラビア出身。大学時代から原理主義に傾倒、ソ連のアフガン侵攻（七九）の際はアフガンゲリラに協力。その後、反米に転じ、米軍施設・大使館の爆破、アメリカの「同時多発テロ」に黒幕として関わったとされる。パキスタン潜伏中、アメリカ軍に殺害された。

＊26　アルカイダ

イスラーム原理主義に立つ国際武装集団。もとはソ連のアフガン侵攻（一九七九）に対抗したアラブ諸国の義勇兵（ムジャヒディーン）の組織を母体とし、ビン・ラディンの指導下に八〇年代後半のアフガニスタンで結成。いまも「反欧米」「反西洋文明」「反キリスト教」を掲げ、中東・アフリカを中心に破壊活動を繰り返している。二〇二二年七月、ビン・ラディンの死後、指導者となったアイマ・ザワヒリが米軍の空爆により殺害された。

＊27　ラムズフェルド

ドナルド・ラムズフェルド、一九三二〜。アメリカの政治家。プリンストン大学卒。ニクソン政権の補佐官、フォード政権の首席補佐官・国防長官。一九九八年北朝鮮やイラク、イランの弾道ミサイルの脅威を警告する報告書を発表。二〇〇一年ブッシュ政権で国防長官に再起用され、イラク戦争に積極的に対応した。

＊28　イラク戦争

アメリカを中心とする多国籍軍が、イラクの武装解除とサダム・フセイン政権打倒を目的として、イラクに武力行使した戦争。イラクが、湾岸戦争の停止条件として受諾した大量破壊兵器破壊の義務を果たさず、秘密裡に核兵器開発を行っていたことなどがその理由とされた。多国籍軍は約三週間で主要都市を制圧。二〇一一年十二月イラク駐留米軍部隊の完全撤退によって終結した。ただし、大量破壊兵器は発見されなかった。

＊29　IS（イスラーム国）

Islamic State（英）イラク、シリアを中心に二〇〇四年から活動してきた「イラクのアルカイダ（AQI）」を母体とするスンニ派のイスラーム過激組織「イラク・レバントのアルカイダ（ISIL）」の二〇一四年六月以降の自称。自ら信じるイスラーム理想社会のために、戦闘、殺人、破壊活動、誘拐などの犯罪をいとわない武装組織で、イスラーム法に基づく反欧米国家を目指している。しかし、一四年に国家を樹立したイラク・シリアにまたがる地域からはほぼ一掃され、その後の支配の実態は明らかではない。

＊30　ユナボマー事件

アメリカで一九七八〜九五年の間に十六件の郵便小包爆弾事件を起こし、三人を死亡、二十二人を負傷させた連続爆破犯の通称。もとは、捜査にあたったＦＢＩが犯人につけたコードネーム。九六年、犯人としてカリフォルニア大学バークリー校の元数学助教授セオドア・カジンスキーが逮捕された。人里離れたモンタナ山中の小屋にひとり住み、逮捕の前年には、科学技術偏重の現代文明を批判する長大な論文を新聞社に送りつけていたという。

＊31　ローマ法

紀元前八世紀に都市ローマが成立して以来、素朴な古代法から出発し、共和政・元首政・帝政を経て組織化され、完成された法体系の総称。後代の国々にもローマ法は伝授され、今日でも、世界諸国の法、特に私法はローマ法の影響を受けている。

＊32　ジョルジョ・アガンベン

一九四二〜。イタリアの批評家・政治哲学者。はじめ、近代芸術家の運命を考察した美学書『中味のない人間』（一九七〇）、『言語活動と死』『散文の理念』と、言語活動に照準を合わせたヨーロッパ的人間の美学的考察から出発。しだいに〈政治哲学〉の考察へと移り、『人権の彼方に』『ホモ・サケル』『王国と栄光』『スタシス　政治的パラダイムとしての内戦』と旺盛な筆力で書き継いでいる。

＊33　『金枝篇』

イギリスの人類学者ジェイムズ・フレイザー（一八五四〜一九四一）の大著（初版一八九〇）。イタリア・ネミ湖畔に伝わる聖なる森の祭司職継承の伝説〈森の中に樹がある。祭司となろうとする者はその樹の枝を折り、前任の司祭を殺さなければならない〉を説明するために神話・習慣・呪術などを検討することを通じてフレイザーは、人類の知的発展が呪術から宗教へ、宗教から科学へと進化的過程を経ることを主張する。

＊34　架空の筆者

バタイユは『有罪者』初版冒頭に「ディアヌスなる男が、以下の手記を書き、そして死んだ。ディアヌス自身が（逆の意味をこめて？）有罪者とみずから名乗ったのだ。」と書いた。

ブックス特別章

文明的戦争からサバイバーの共生世界へ――西洋的原理からの脱却

戦争へと傾く世界

二十一世紀も四分の一が過ぎようとしている今、世界の随所でいわくつきの抗争が戦争となって噴き出しています。ウクライナ、イスラエル、そしてまだ戦火が上がっていないのは台湾・東シナ海を争点とする中国周辺でしょうか。あるいは、南アメリカかもしれません。

人びと（日本や西側諸国の政府筋や主要メディア、そこに登場するいわゆる専門家たち）は、国際情勢が大きく変わったと言い、野心的で危険な国（専制主義国）が勢力を伸ばしているから、侵略に備えて軍備拡張が必要だと主張し、「緊急事態」つまり戦時に向けた法を整備して、「安全保障」の名のもとに監視・統制システムを強化、経済・社会の動員を可能にする態勢づくりに余念がありません。ここ数年、世界の主要国の軍事予算は目立って増大し、他の社会支出（福祉・教育・貧困・過疎対策など）を押しのけています（以上はとくに日本で顕著です）。また、先進国は自由貿易の旗を掲げながら、一方的な経済制裁でグローバル物流や金融を分断し、かえって国内に物価高や経済危機を生み出して、それによる人びとの不安や不満を「外敵」に向けさせる傾向も強くなっています。今さらという気もしますが、この状況は二十世紀の世界戦争が起こる前夜に酷似していると言わざるをえません。

二十世紀には戦争が世界化し全体化して、少なからぬ知識人が「世界の終末」や「文明の崩壊」を憂えました。繁栄を体現していた世界の大都市は、アメリカ以外では多くが灰燼に帰し、兵士・市民の区別なく無数の人びとが戦乱（飢餓と空襲）の犠牲になり、その人間の無差別殺戮は、「アウシュヴィッツ」の殲滅収容所と「ヒロシマ・ナガサキ」の原子の光ときのこ雲の下で頂点に達しました。一方は特異な「民族浄化」のため、他方は科学技術の勲功によるものでした。

その惨禍から、いわば「文明の自己反省」のようにして、諸国家は自他の国民を犠牲にする戦争に訴えてはならないし、地上のあらゆる人間は幸福にかつ尊厳をもって生きる権利があるとする「普遍的人権」の理念が掲げられました（世界人権宣言と国連憲章）。もちろんそれを強制する装置はありません。国家は戦争をする権利を存在理由として譲らないし（だから「自衛」のための戦争は可ということになっています）、国連軍がつくられてもそれはあくまで戦争を止めさせるためのものです。ただ、非戦（戦争はしない、させない）と普遍的人権（誰もが生きる権利がある）とが、国際法（諸国家間の約束）の根幹に埋め込まれたとはいえます。そこには、究極兵器の存在するこの現代に、諸国家・諸民族の争いを戦争にしたらもはや人類の破滅だという強い危機感と、戦争と結びついた文明に対する深い悔悟と反省とがあったはずです。

ところがそれから七、八十年、「冷戦」期があり、「テロとの戦争」の時期があり、その間に全体戦争の教訓などすっかり忘れ去られたかのように、あるいは「国際情勢は大きく変化している」から非戦や人権尊重は昔の話とばかり、いつの間にか人びとは、すっかり戦時気分です（日本では「安全保障」を「安全・安心」と日用語に言い換え、日々の意識に浸透させているし、自然災害に備える「国土強靭化」はいつの間にか全国のミサイル基地化にすり替えられています）。

軍事は国家の枢要事、始まった戦争には勝たなければならない、負けたら敵の奴隷になる、軍備や戦争に反対する者は裏切者（敵の味方をすることになる）、国家のために戦うのは義務で、国のために死ぬのは「美しい」、といった国民国家神話時代のもの言いがまかり通ります（国を導く政治家さえそう言ってはばからず、そう言うことで一定の支持を得る）。そんな姿勢を共有する学者や専門家たちだけがメディアにも迎えられて「活躍」し、戦争に備えよ、反対する者は怪しい、衝突を怖れていてはすでに負けだ、周到に備えなければウクライナのようになる、というのが今日の主流の論調になっています（日本でも、西側諸国でも）。

「戦いの文明」とその成就

ただ、注意して見ると、現在、再び戦争に前のめりになっているのは、いわゆる「西側」の国々とその周辺だということが分かります。いま戦争になったり危機が高まったりしているのはウクライナ、イスラエルと中東地域、それに中国周辺の東アジアです。東アジアというのは対中国の前線だということですが、中国はここ半世紀以上アメリカが執拗に圧迫してきたところです。その中国やインドなど最近台頭してきたところは別として、他の地域、アジア・アフリカ・ラテンアメリカなどの多くの国々は、今のグローバル経済秩序のなかで貧しく不安定で、他国と戦争などする余裕はなく、先進国が巻き込もうとしても自ら戦争など求めてはいないでしょう（資源利権などをめぐって内戦が起こる国はありますが）。

「西側」というのは西洋（オクシデント）と西洋化で発展した国々、つまり北の「先進諸国」です。いま戦争に傾いているのはじつは西洋先進国とその周辺だけなのです。

そこでもう一度、世界戦争とはどういうものだったかを振り返ってみましょう。歴史的にいうなら、西洋諸国が世界に進出し、アジア、アフリカその他の地域を征服し植民地として支配し、ロシアや日本は西洋諸国にならってそれと競合するようになった一方で、アメリカ（合州国）はヨーロッパを離脱して西半球に「新しいヨーロッパ」を開きました。そのアメリカが世界戦争で最強の国家となって勝ち抜き、「古いヨーロッパ」に代わって「西洋＝西側」を代表するようになったのです。単純化していえば、西洋文明が他の地域を征服し同化して世界に広がり、それ以上広がる余地がなくなったとき、世界は全面戦争のうちで一つになったということです。

なぜ、そんなことになったのか。それは西洋文明が「戦いの文明」だったからです。そのことを哲学的に表現したのが十九世紀のヘーゲルです。『戦争論』を書いたクラウゼヴィッツの同時代人だったヘーゲルは、西洋精神の「自覚」として自らの哲学を構想しました。その核心は、不断の自然との戦い（否定）が、異なる他者を克服してそれを同化した人間の精神（世界）をつくり上げるという、対立と統合の論理でした。一方に世界の知的征服（認識）があり、他方に野蛮な自然や他の存在の征服（克服という行動）がある。その終局が人間的「世界の実現」だというわけです。西洋文明はそのようにして世界を呑み込み、かつ知的・制度的に書き変えました。けれども、ヘーゲルの「自覚」

後一世紀で、世界は現実に西洋化され尽し、植民地の再分割をめぐってヨーロッパ自体が戦場と化します。つまり、この「戦いの文明」は「人間的」言い換えれば西洋的世界の成就とともに、全体的戦争としての自らの姿を露わにしてしまったのです（じつはそう解釈したのはバタイユでした）。

その自己破滅の結果、多様な他者の存在と相互承認を通しての共存という道を開かざるをえなかった。それでなければ世界に長続きする平和な秩序は生まれない。それが人権の独占ではなく普遍化と、諸国共存の国連体制という秩序形成を曲がりなりにも実現させたのです。

冷戦とは何だったのか

ところが、第二次世界大戦が終わってすぐ東西の「冷戦」が始まりました。冷戦とは戦火を見ない戦争、双方の核武装のために、直接の衝突は起こせないけれど、実質的には戦争状態にあったということです。誰もがもう戦争はこりごり、二度とやってはいけない、と思っていたときにどうしてこんな状態になったのでしょう。

冷戦は、それまでの征服戦争とか、国家同士が領土や利権をめぐって争うというものではありません。対立の質がまったく違っていました。これはアメリカとソ連の国家社会の存立原理をめぐる対立です。アメリカは私的所有権に基づく自由を原理としてイギリスから独立した新しい形の国家（合州国）でしたが、一方ソ連は、共産主義、つまり私的所有を排し資源・生産手段の国家管理によって発展をめざす、やはり多地域を統合した連邦国家でした。国のあり方が根本的に違い、相容れない原理を掲げる両国が、世界における影響力を争う関係にあったのです。

共産主義はヨーロッパで生まれた理念で、第二次世界大戦でナチス・ドイツと最も厳しく戦った（レジスタンスと呼ばれました）のは共産主義者たちでしたから、それに対するアレルギーはヨーロッパにはもともとありません。ところがアメリカは、それを「自由の敵」として蛇蝎《だかつ》のごとく嫌いました。国内ではレッド・パージといわれる過剰な共産主義者（革命運動の旗が赤いことから「アカ」と呼ばれた）狩りも起きました。原爆開発で英雄となったはずのロバート・オッペンハイマーまでその排斥運動の犠牲になりました。ヨーロッパは、これもまた身内から生まれたナチズムと戦い、西側はアメリカに支援「解放」されて戦争に勝ったことになりましたから、その影響下に入ったのです。そのときアメリカは西ヨーロッパを繋ぎとめて、ソ連陣営に対抗するために北大西洋条約機構（ＮＡＴＯ）という軍事同盟を結成しました。

ソ連の方も、同じく軍事同盟であるワルシャワ条約機構を結成し、また階級闘争を国際化するとして世界に影響力を広めようとしました。それに対してアメリカは共産主義の浸透を阻止する手立てを尽くします。核対峙のため公然の戦争にはできないので軍隊は動かせません。そのため諜報工作の統合組織としてＣＩＡがつくられ、ソ連のＫＧＢとその類似組織に対抗して、世界各所の裏舞台で暗闘を繰り広げます。それが当時、スパイものとして小説や映画の格好のネタになりました。

国連の変化、第三世界の登場

戦後はそれまでの西側諸国の植民地で、現地住民が自らの権利を求める独立運動を展開しました。それを宗主国が弾圧すると独立戦争が始まります。すると独立派（たいていは「民族解放戦線」を名のります）をソ連が支援しますが、アメリカはその影響力を嫌い、親欧米の傀儡政権をつくって「共産化との戦い」を支援します。その対立が、独立国が西側に入るか東側に入るかをめぐっての、米ソの「代理戦争」になりました。その代表例が一九六四年の米軍直接介入で本格化したいわゆる「ベトナム戦争」です。一時はアメリカが五十万の兵力と有り余る最新兵器を投入し、狭いベトナムの国土に夥しい爆弾（今では非人道的だとして使用を禁止されている各種兵器を含む）を投下しましたが、十年後に米軍はついに全面撤退せざるをえませんでした。この戦争は、豊富な最新装備による大国の軍隊が、アリやモグラのように地を這う軽装備のゲリラや、それを匿《かくま》うとされた無防備の生活者としての民衆を大量に殺戮するというまったく「非対称」の戦争で（その意味で「テロとの戦争」の原型です）、アメリカの「自由」の名誉を地に堕とすことになりました。アメリカはそれを「自由のための戦い」、ベトナム民衆を「解放する」ための戦いだと喧伝しましたが、ソ連に支援されていたとはいえ、ベトナム人にとってそれは、西洋諸国の植民地支配を斥《しりぞ》けるため半世紀以上続けなければならなかった独立の戦いだったのです。

この冷戦の間に、アジアやアフリカに多くの独立国が誕生し、国連に加盟しました。その結果、最初は第二次世界大戦の戦勝国の安全保障体制だった国連は、初期の四十八か国から二百か国超の集う、新たな時代（世界戦争後）の国際社会（インターナショナル・ソサエティー）をまとめる組織になりました。そのうちの多くの国は、米ソの対立からは距離をとって、東西どちらの陣営にも与《くみ》しない第三のグループを形成しました。その最初の会議は「アジア・アフリカ会議」として一九五五年、インドネシアのバンドンで開かれ、その後「非同盟諸国会議」となり、足並みが乱れる時期もありましたが、現在に至っています。「第三世界」と呼ばれたこのグループづくりが、その後の国連秩序を変質させるベースになります。簡単に言えば、発展した北半球（西洋）の先進国が世界を主導するのか、あるいは広大で人口も多い南――植民地支配から立ち直ろうとするいわゆる後進地域――も含めての世界なのか、という分岐が生まれるのです。

国連の初期の理念が後者の方向を向いていたことは否めません。事実、国連総会では後者の方が数で優り、全員参加の総会では、先進国の意向はそのままでは通りにくくなりました。そこで冷戦の終わる前から、「西側先進国首脳会議」というものが国連外に設置され、国際社会の運営をリードするようになりました。それが現在に続く「G7」です。

西洋文明はなぜ世界化したのか

じつは近年、戦争などやっていられないという喫緊の課題が地球規模で浮上しています。いわゆる地球温暖化の問題です。これにはもちろんさまざまな議論がありますが、一九七〇年代に世界的に持ち上がった過剰な産業化による環境汚染の問題、それと連続する「成長の限界」（一九七二年ローマ会議報告）にどう向き合うかという課題が、世界のグローバル化を経て地球規模で再び生じていることは否めないでしょう。

産業革命《インダストリー》以来、創意工夫で自然を開発し、競争で資源を活用して高性能の機械をつくる一方、採掘燃料でエネルギーを得て、世界を産業的近代の「繁栄」に導いてきたのは西洋文明です。たしかにそれは世界のすみずみにさまざまな恩恵をもたらしましたが、この自然の収奪開発生産のサイクルには限界があるということです。人間自身もまた自然の一部ですから。それが一方では資源の枯渇、他方では人間の生存環境の汚染・破壊として現れてきたということです。

西洋人は十六世紀以来、世界に進出し、手の届くところはほとんど西洋化してきました（これは近代化ともいわれ、産業経済のみならず、それと不可分の科学技術の展開、そして政治や社会の、つまり人間の組織化のいわゆる合理化まで含みます）。これまで、世界全体を制覇した文明はありませんでした。しかし西洋は数世紀でそれに成功しました。現代の世界があるのはその帰結でしょう（その端的な刻印は、いまでは世界中が西暦・キリスト暦を共通の時を測る尺度として用いていることです）。

なぜ西洋は成功したのでしょうか。まず、自分たちが正しく、世界は自分たちのようになるべきだ、そうなることが「罪からの救い」であるという確信をもっていたこと、一言でいえばキリスト教という自己正当化の支柱があったからです。それと繋がりますが、自然は神が人間に与えてくれたものだから、材料として資源として使わないのは罰当たり、自然つまりありのままの状態は制御して活用しなければならない、それが人間の使命だという自然観。一言でいえば「自然の征服」の意志ですね。「未開人」も自然に含まれます。そして、役立つものに意味があり、無用なものは無いも同然という功利主義的姿勢。さらには事業や目的達成のための効率追求、そして土地所有から始めて「権利」にもとづく法制度、それを支える権力組織としての軍事力をもつ国家……。

それが西洋の近代文明のエッセンスです。だとすると他の地域の他の生存様態で生きる人びとはひとたまりもありません。わずかに国家をもち有用性の文化を築いていたところが、それを土台に自ら西洋化することで対抗し、自立を保持できただけです（日本のような国を想定しています）。西洋はこうしてその他の世界を征服・支配・同化してきました。そのことを「近代化」ともいいます。西洋は「近代」として自らを確立し、世界を「近代化」してきたのです。近代の戦争は主にそのプロセスで西洋諸国の競合によって起こっています。その結果、地球上の多くの地域が西洋諸国の植民地になりました。

ただ、同じ「植民地」といっても北アメリカはちょっと違いました。今、合州国と呼ばれるアメリカは、その地に存在したものを支配・服属させてできた植民地ではありません。既存のもの（それが「先住民世界」です）を、無いものとしてそこに西洋でしか通用しない私的所有権を設定し、その権利の上に自分たちだけの「自由」な世界をつくった。そして領有権をもつイギリスの統治を脱して独立したまったくの「新世界」でした。

「先住民」とは誰なのか

西洋は産業革命後の自然収奪経済の拡大をベースに世界を統治するようになりました。資源やエネルギーの開発とそれによる人工物と廃棄物の産出は、世界規模になったのです。その結果が今日の止《とど》まるところを知らない地球環境の変化です（国連のグテーレス事務総長は「温暖化」どころか「沸騰化」だと言いました）。

最近では文明世界も「持続可能性」を言い出しましたが、それは「成長」を動力とし不断の「イノヴェーション」を必要とする科学・産業・経済システムにとっては無理なことです。無理どころか、このシステムは他ならぬ「持続」を原理として各地でそれぞれの生活を保持してきた「先住民」たちを、征服し、あるいは殲滅して発展してきたのです。「成長」はこの文明の強迫観念になっています。

「先住民」とは、たんに西洋からの移住民や入植者より先に住んでいた人びとという意味ではありません。西洋「近代」によって、遅れた野蛮な「土人」とみなされ「戦争」を通して文明化の道に引きずり込まれた人びとのことです。なぜ彼らは西洋の進出に抗えなかったのか？　それは自然に対する私的所有の観念がなく、有用性・効率といったものを絶対の価値とはしていなかったからです。彼らは狩猟採集で生きるにせよ、農耕牧畜をするにせよ、自然を所有・改造の対象とするのではなく、むしろ自分たちや万物を生かす「天然」と受けとめ、あるいは自分たちへの贈与とみなし、その贈与主（自然・大地・天空）を尊びながら、それとの関係のなかで生き死にを繰り返し、代々の生を営んでいました。自然の循環のなかで、と言っていいでしょうが、だから世界は直線的に時間に従って進歩し拡大するのではなく、同朋たちは自然に育まれるこの世界で生死を超えて「持続」してゆくのです。あるアメリカ・インディアンは、この自然の恵みの豊かさを七代先の子孫に残すといった未来観をもっていたといいます。

そこにあるのは進歩・発展や経済成長の強迫（成長しないと停止しそこで倒れるという強迫観念）ではなく、生存の持続の原理です。それを西洋の近代人は、愚かさ・遅れ・野蛮としてとらえ、「文明化の使命」に駆られて否定し、征服し、掃討し、衰亡するにまかせるか、あるいは同化させて自らの世界に統合してきたのです。

「新しい西洋」

古典的西洋（ヨーロッパ）は植民地支配を展開しました。しかしアメリカはそんな面倒なことはせず、先住民を無化してその空白の上に「新しい西洋」をつくり出しました。そして掃討した先住民に代えてアフリカから黒人を奴隷として導入し、移民だけの「新世界」をつくって、「西半球」で「古いヨーロッパ」からの離脱を宣言しました（モンロー教書）。そのアメリカ（合州国）が、世界戦争のうちに崩れ落ちたヨーロッパを引き継いで、戦後、西洋＝西側（オクシデント＝ウエスト）の新たな盟主になったわけです。

その後アメリカは核兵器の開発国として、その「抑止力」競争でついには最大のライバル共産主義ソ連を瓦解に追い込み、以後実質的に世界を制することになりました。アメリカは一度も力（戦争）で懲りたことはありません。だからこそ、武力を恥じることもありません。むしろ誇りとします。その力を背景に、世界各地の扉をこじ開け、自由市場に呑み込んでゆこうとします。また一方で、科学技術で「イノヴェーション」を繰り返し、いまでは宇宙空間やデジタル・ヴァーチャル世界を開拓し、「自然」の息の根をとめても大丈夫な「新世界」の更新に突き進んでいます（もちろん、進化した他国もそれを追いかけ競争しようとしていますが）。

アメリカとG7の孤立、誰が世界を救うのか

そのとき、資源枯渇やエネルギーの過剰浪費、そして気候異変、砂漠化、人口・食糧問題といった課題が噴出してきたのです。それによってもっとも深刻な被害を受けるのはいわゆる後進諸国です。対策や救済の費用もなければ、科学技術の進歩を恃んで「前

に逃げる」（ドゥルーズ／ガタリ）ためのリソースもありません。そしてまた、西洋の周辺地帯で起こる戦争の被害を深刻に受けるのも彼らです（経済制裁の余波や支援途絶）。それに、戦争が起きるたびに敵対する双方から協力や取り込みの圧力を受けます。

それでも西洋諸国が行き詰まり、G7が国際社会で浮き上がり、イスラエルとともにアメリカの孤立が露わになっている今、いわゆる「グローバル・サウス」の存在が重きをなしつつあります。ただ、そう呼ばれる国々は新しい対抗的勢力として台頭しているわけではありません。かつては西洋諸国の植民地化によって自然も自生の社会も壊され、西洋主導の政治・経済秩序のなかに組み込まれた、貧しく繁栄の基盤もない国々です。そして砂漠化（経済的な意味でも）、森林火災などでなけなしの自然も失いつつあります。そのなかでも、グローバル経済に組み込まれることで世界に利潤と成長をもたらすピースとしてそれなりに発展してきたところもあります。それらのうち資源や労働力をもつ国々はBRICSとして協力し合うようになりました。主導権を守ろうとする西洋先進国のG7とは基本的に利害の方向が違います。だからそれを取り込むためにいまではG20も形成されていますが、そこではすでに非西洋諸国が多数派になっています。その背後にいるのが「グローバル・サウス」です。

それらの国の人びとは、西洋の世界制覇とその文明の浸透を受け、作られた世界システムのなかで生きざるを得なくなり（もちろんそこには「文明化」の恩恵もありますが）、それぞれの地域の崩壊や変容を、自らのものとして「生き延びてきた」（サバイバル）人びとであり、植民地統治からの自立を求めてきた国々です。そのような人びとを、この地上の「先住民」、あるいは「近代」のサバイバーだと言っていいでしょう。彼らはもともと、「進歩・革新」ではなく「持続」をこそ生存の原理としていました。もはや一地域の自閉・孤立が不可能になり、大規模な抗争・征服が相互破滅しか招かなくなった今日では、諸民族・諸国家の対等・平等、相互承認と共存、そのための調停や和解、協同への姿勢を、これからの世界の原則にしてゆかねばなりません。

あまりに理想的に思われるかもしれませんが、グローバル・サウスの国々は、武力にも経済力にも頼ることができず、協調や支援、共存共栄を求めるしかない状態です。いま、「先住民殲滅」の上に「自由」を打ち立て、古いヨーロッパの原理がいったん破綻した後も、そこを抱え込んで力の制覇を更新しつづけてきたアメリカ（合州国）が、国際社会から浮き上がろうとしています。それは、自分たちが作り出した難民たち（パレスチナ人）の存続しようとする意志を、自らの存在を脅かす「敵」として圧倒的な力で根絶しようとするイスラエルをどこまでも支持するからです。

もし、この「根絶」が完遂されたら（そんなことはありえませんが）世界は地獄の混乱に陥ることでしょう。世界の未来は西洋原理とアメリカ原理の自己制御あるいは衰退によってしか開かれないと言ってもいいでしょう。

西洋は昔から「終わりの日は近い」という強迫観念から逃れようとしながら、逆に「最後の日」を引き寄せてきました。ただ、そこに待ち受けるのは「信じる者」にとってのみの「天国」であり、その他の者たちに生きられる余地はありません。そのことに西洋自身が気づき、他の生き方を受け入れるようにならなければなりません。

「戦争論」は突き詰めてゆくと、文明論、それも西洋文明論になります。そして現代の普遍化した文明そのものが、世界に浸透した戦争原理に他ならないことに気づかざるをえません。では、中国は、ロシアは、イランは、インドは……、といった反論が出てくるでしょうが、それらの国々を「悪」であり「危険なもの」と見なすのは近代西洋（ヨーロッパでありアメリカ）の見方です。グローバルな世界を考える（受けとめ向き合う）には、私たちも明治以来の「脱亜入欧」の習性を離れて、世界の近代の歴史を、そして現代の世界を、「否定された側」の視点から見直してみる必要があるでしょう。それだけが、戦争の切迫する現代の隘路《あいろ》を抜け出すことのできる方途だと思います。

読書案内

戦争について考えるのに、なるべく読みやすい本を、と思うのですが、やはりじっくり読んで考えようとする人たちのために、ということで、ここでは、特別章でふれた「西洋の世界化」に関する名著をいくつか挙げておきます。

◉ホルクハイマー／アドルノ著、徳永恂訳『啓蒙の弁証法　哲学的断想』岩波文庫、二〇〇七年

啓蒙とは光を当てて明るくする、無知蒙昧を啓《ひら》くということですが、この西洋文明の基本的な構えが、どのように明るい世界を闇に転化してしまうかというパラドクスを示した古典的名著です。第二次世界大戦中に書かれました。

◉L・ハンケ著、佐々木昭夫訳『アリストテレスとアメリカ・インディアン』岩波新書、一九七四年

キリスト教徒のヨーロッパ人が、新大陸で先住民に出遭い、戦争で奴隷にしていいのか、あるいはキリスト教徒になりうる人間として扱うべきなのかをめぐって、スペインで長く議論が交わされました。その集約がドミニコ会宣教師ラス・カサスとアリストテレス学者セプルベダの間で戦わされたバリャドリッド論戦（一五五〇年）でした。のちの「人権」概念の発祥もここにありますが、この議論を整理し意義付けした研究の集約版がつい最近また入手できるようになりました。

◉R・N・ベラー著、松本 滋／中川徹子訳『破られた契約 アメリカ宗教思想の伝統と試練』未來社、一九九八年新版

アメリカ合州国の成り立ちとその根本的性格、世俗アメリカの「市民宗教」と後にいわれるものや「例外主義」を理解するのに必須の本です。埋もれた名著。

◉藤永茂著『アメリカ・インディアン悲史』朝日選書、一九七四年

長くカナダで教鞭をとった日本人科学者の手になるアメリカ先住民「消滅」の歴史的記述、ベトナム戦争の頃に書かれました。

◉花崎皋平著『静かな大地　松浦武四郎とアイヌ民族』岩波現代文庫、二〇〇八年
これは日本の近代化期における北方先住民（アイヌ）同化・抹消の過程を知る必須の書です。池澤夏樹が祖先の北海道入植時代を描いた作品のタイトルは、本書から借りています。

◉ナオミ・クライン著、幾島幸子・村上由見子訳『ショック・ドクトリン　惨事便乗型資本主義の正体を暴く』上下、岩波書店、二〇一一年／岩波現代文庫、二〇二四年
原書の副題になっている「災厄資本主義」などを超えて、ここ半世紀の間、アメリカの「私権」原理（私的所有権をもとにした「自由」、多国籍企業という「私人」の国境を超えた利権追求、それが戦争をも利用する）による世界の改変を多角的に克明に描き出した「ショック！」な本です。現代のグローバル世界を理解するのには必読でしょう。大部ですから部分読みでも。

その他、キリスト教と近現代思想の関係を核心から理解するにはジャン＝ピエール・デュピュイ著、嶋崎正樹訳『ツナミの小形而上学』（岩波書店、二〇一一年）がお勧めです。またオルダス・ハクスリー著、大森望訳『すばらしい新世界〔新訳版〕』（ハヤカ

Ｗｅｐ:ｉ文庫、二〇一七年）は世界戦争を超えて、「共生、個性、安定」のスローガンを掲げる世界国家に生きる「幸福」な人びとの生活を描いた、「すばらしい」未来小説です。そこではフォード神に服さず、古典的書物など読んで、スローガンに反する悪習に浸る「先住民」の奇妙なコミュニティーがあり、世界国家の「安定」を脅かします……。

また、西洋的な時間観念や存在論理を呑み込んで劫火に燃やす『バガヴァッド・ギーター』は、神の世界と世俗の世界とを通底させ、かつ微積分を編み出して無限と全体とが同じように扱えると示したライプニッツが、仮にこれを読んでいたら後の西洋世界はまったく変わっていただろうと思わせるほど、マルチヴァースをゆくりなく語り出す圧倒的な詩書つまり絶対言語表現です。ただ、これは原典よりもまず上村勝彦著『バガヴァッド・ギーターの世界　ヒンドゥー教の救済』（ちくま学芸文庫、二〇〇七年）を読むことをお勧めします。

最後に自著で恐縮ですが、西谷修著『アメリカ　異形の制度空間』（講談社選書メチエ、二〇一六年）は、世界史にとってアメリカとは何か、という誰も立てようとしない問いに取り組んで、西洋および世界史の見方を変えることをめざした野心作です。

おわりに

世界ではいま、ふたつの地域で戦争が続いています。だからもとはＮＨＫの番組「１００分de名著」のシリーズ中で、カイヨワの『戦争論』を読むという企画のテキストとして書かれた本書でも、特別章ではそのことをメインに取り上げるべきだったかもしれません。けれども、現下の戦争をじかに扱うことよりも、カイヨワの衣鉢を継ぎ、戦争と文明との関係を俯瞰《ふかん》して、近代の戦争全体が現代文明とどのように関わっており、私たちの現在の世界がどうなっているのかの大きな見透し（戦争の切迫のなかでとかく視野は狭く近視眼になりがちです）を示すことにしました。

現下の戦争は最悪なものです。とくに「テロリスト」ハマス掃討に名を借りたイスラエルによるガザ殲滅戦は、高い壁で封鎖された地区に二百三十万人を押し込め、水も食糧も電気も断って連日爆撃で地区を破壊し、そこに重装備の地上軍が押し入って病院ごと潰して保育器の幼児も見殺しにするという、恐るべき暴虐を世界注視の下で繰り広げています。どんな口実も、自らを歴史的にも宗教的にも特別だと主張するこの国家の、国なき民に対する傲岸《ごうがん》な振舞いを正当化することはできないでしょう。

アメリカだけが（それとかつてユダヤ人虐殺を行ったヨーロッパ諸国も）イスラエルの掃討戦を支えていますが、なぜかと言えばそれは、アメリカ合州国そのものが先住民を無化してその空白の上に自らの「自由」をつくり出した特異な国家だからでしょう（初期移民は、イギリス本国での宗教的迫害を逃れて「新しいイスラエル」を築くため、大西洋越えの苦難を「出エジプト」になぞらえて新大陸に上陸したのです）。イスラエルを否定することはアメリカ国家創設の原理を否定することになります。

ただ、戦争の惨状がここまで極端になると、さすがに「敵の殲滅」を主張するイスラエルそしてそれを支えるアメリカは世界中から孤立することになります。けれどもそれが認められない。双方とも「他者」あるいは「異物」の存在を認めない特権意識（選民意識、あるいは自分は例外とする意識）があるからです。

ウクライナの戦争もすでに実相は見えています。ロシアを悪と決めつけて（悪魔化と言いますが）「ロシアに勝たせてはいけない」とウクライナに梃《てこ》入れし、どれだけ兵が死に国土が荒廃しても戦争をし続けるようにさせているのはEU諸国です。戦争が起こったら、まず止めに入るのが他国の役割です。ところがアメリカとEU諸国は、ウクライナに停戦交渉さえさせませんでした。EUでは今「レコンキスタ」（イスラーム勢力からキリスト教ヨーロッパを取り戻すという八～十五世紀の「失地回復」運動）が語られているようです。ヨーロッパはかつての拡大の欲望を他者に投影し、ウクライナが負けたら次はヨーロッパだと危機感を煽っていますが、かつて二度もロシアを侵略しようとしたのはヨーロッパであって（ナポレオンとヒトラー）、逆ではないのです。そしてウクライナでの戦争は、経済的にも世界を分断しその分断を錯綜させ、ヨーロッパ自身を苦境に立たせていますが、それもすべてロシアのせいにして戦争をますますやめられなくしています。けれども、その西側先進国の姿勢が、世界の他の多くの国々に混乱と離反をもたらし、G7を孤立させることになっています。

世界戦争、全体戦争の後には、各国の相互協調・信頼だけが戦争を排するための「武器」でした。しかしそれが核兵器保有（抑止力）によって、そして全面破壊に至らず敵（人間）だけを確実に破壊する精密AI兵器の開発によってごまかされてきました。未だに戦争がすべてを決着すると思われているのです。けれどもそれはG7を軸とする西側先進国だけです。そうであるかぎり、他の「大国」はそれに対抗せざるをえません。またその他の大多数の国々は、戦争では何の解決にもならず、むしろ、止《とど》まるところを知らず「進歩」する武力・破壊力への従属が深まるばかりだと分かっています。

先進諸国がかつての「反省」を振り捨てて再び戦争への傾斜に身を委ねているこのとき、それを妨げるのは「非力」な国々の人びとの怒りや忍耐や悲嘆の叫びしかありません。爆破されたオリーブの古木にしがみつくパレスチナの母の嘆きです。かつて世界は西洋文明によって、そしてその思想によって領導されてきました。けれども今、世界の現在を解明し、今後の指針を出すような思想は、この五百年の西洋化による破壊や混迷をくぐり抜け生き延びてきたアジア・アフリカ・ラテンアメリカの諸地域から出てくるでしょう。いや、もう出てきています。そして戦争を斥けて地球が生き延びることを求める声も、そこから出てきます。西洋でも若い世代の人びとは、自分たちの「未来」が脅かされているからこそ、今がまさにサバイバルの時だと直感的に理解しているようです。

この本が、そのような「非力」の声に呼応するひとつの思考のうめきの声として聴きとられることを願っています。

最後に、このような機会を与えていただいたＮＨＫ「１００分de名著」の秋満吉彦さんほか制作スタッフの皆さま、テキスト制作にご協力いただいたライターの福田光一さん、それをもとにした書籍化の労をとっていただいたＮＨＫ出版の小湊雅彦さんに、深く感謝いたします。

二〇二四年五月三日

西谷　修

本書は、「ＮＨＫ１００分de名著」において、２０１９年8月に放送された「ロジェ・カイヨワ　戦争論」のテキストを底本として加筆・修正し、新たにブックス特別章「文明的戦争からサバイバーの共生世界へ——西洋的原理からの脱却」、読書案内などを収載したものです。

装丁・本文デザイン／水戸部 功・菊地信義

編集協力／福田光一、新井 学、西田節夫

図版作成／小林惑名

本文組版／㈱ノムラ

協力／ＮＨＫエデュケーショナル

p.001 ロジェ・カイヨワ
p.015 19世紀のナポレオン戦争を描いた絵画
p.021 アカデミー・フランセーズのレセプションで（1972年）
p.053 第一次世界大戦（1914-1919）の戦場
p.093 プルースト賞を受賞したカイヨワとプルーストの胸像
p127 2001年9月11日、自爆攻撃を受けたニューヨークの世界貿易センタービル
（いずれも写真提供／ユニフォトプレス）

西谷 修（にしたに・おさむ）

1950年愛知県生まれ。東京大学法学部卒業、東京都立大学フランス文学科修士課程修了。哲学者。明治学院大学教授、東京外国語大学大学院教授、立教大学大学院特任教授を歴任、東京外国語大学名誉教授。フランス文学・思想の研究をベースに、世界史や戦争、メディア、人間の生死などの問題を広く論じる。著書に『不死のワンダーランド』（青土社）、『戦争論』（講談社学術文庫）、『夜の鼓動にふれる――戦争論講義』（ちくま学芸文庫）、『世界史の臨界』（岩波書店）、『戦争とは何だろうか』（ちくまプリマー新書）、『私たちはどんな世界を生きているか』（講談社現代新書）などが、訳書にジョルジュ・バタイユ『非-知――閉じざる思考』（平凡社ライブラリー）、エマニュエル・レヴィナス『実存から実存者へ』（ちくま学芸文庫）、エティエンヌ・ド・ラ・ボエシ『自発的隷従論』（監修、ちくま学芸文庫）などがある。

NHK「100分 de 名著」ブックス
ロジェ・カイヨワ 戦争論 ～文明という果てしない暴力

2024年7月25日　第1刷発行

著者――――西谷 修

発行者―――江口貴之

発行所―――NHK出版
〒150-0042　東京都渋谷区宇田川町10-3
電話　0570-009-321（問い合わせ）　0570-000-321（注文）
ホームページ　https://www.nhk-book.co.jp

印刷・製本―広済堂ネクスト

乱丁・落丁本はお取り替えいたします。定価はカバーに表示してあります。
Printed in Japan　ISBN 978-4-14-081969-2 C0031